JN090671

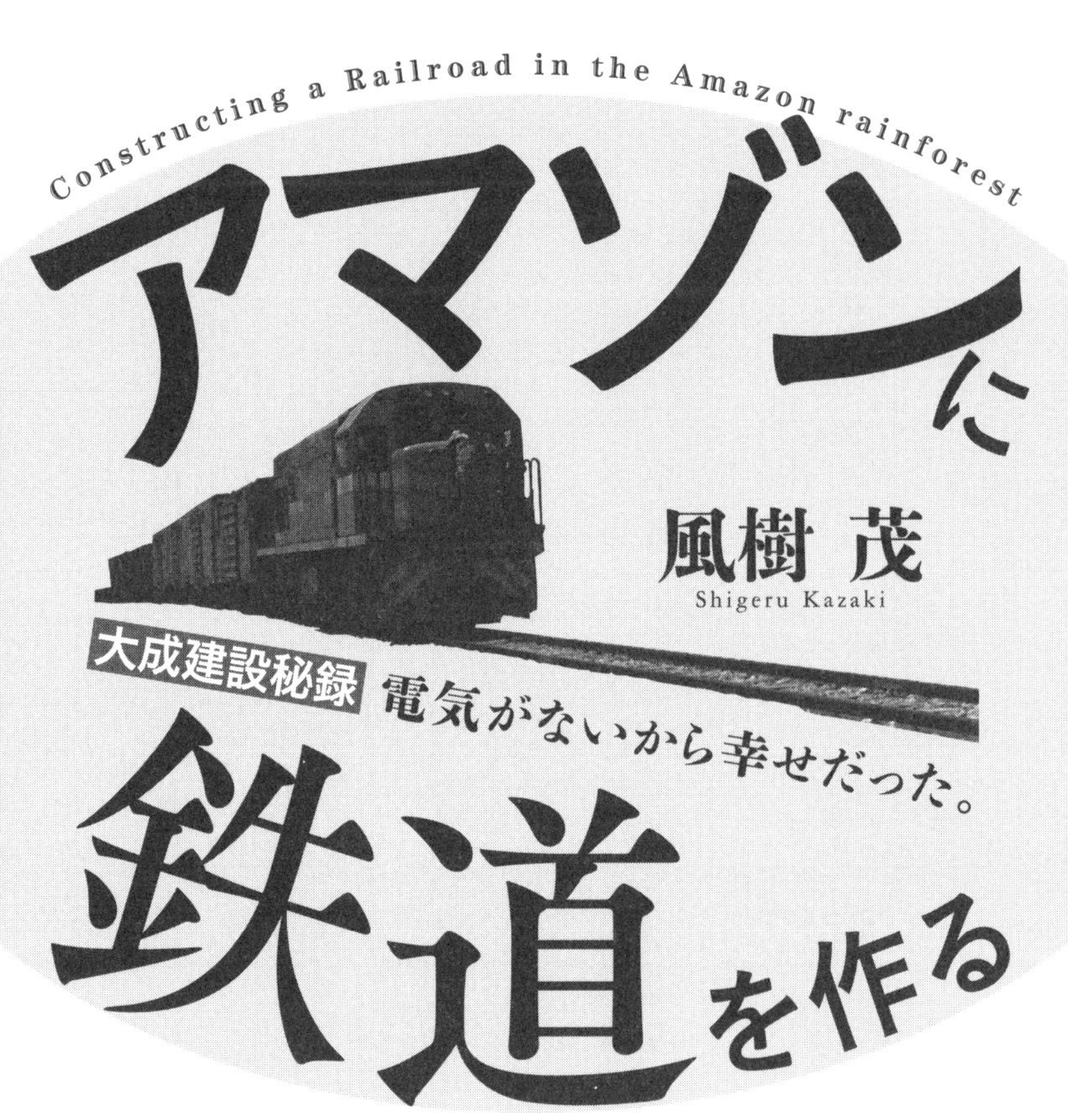

Constructing a Railroad in the Amazon rainforest

アマゾンに鉄道を作る

大成建設秘録

電気がないから幸せだった。

風樹 茂
Shigeru Kazaki

五月書房

アマゾンに鉄道を作る　大成建設秘録

電気がないから幸せだった。

風樹 茂 著

はじめに

女神が現れ救ってくれた。村人はそう信じた。

ボリビア東部鉄道は、ボリビアの第二の都市サンタクルスからブラジル国境のキハーロまでの六五〇キロ、アマゾン川南域とパラグアイ川北域に挟まれた熱帯雨林の中を度重なる脱線に苦しみながら青息吐息で走っていた。

真夏の一九七九年一月一五日、イピアスーロボレ区間を集中豪雨が襲い、一五時間降り続けた。どす黒い空では稲妻が唸りを上げて光り、悪魔の歯といわれる赤褐色の岩山からは大滝が何本も流れ落ち、それは木々をなぎ倒し、巨石を伴った土石流となってチョチスの村を襲った。線路は二九カ所に渡ってずたずたに切り裂かれ、垂直に切り立つ巨大な石柱岩で有名なポルトン地区の村人一六名が土砂に埋まり、絶命した。

夜八時、列車が豪雨に晒される瀕死のチョチス村の川の上の鉄橋にさしかかり停車した。二時間後、車体を揺らすほどの轟音が鳴り響き、旅客は絶望の悲鳴をあげ、機関士は思わず汽笛を鳴らした。川は濁流に切り裂かれ、岩石と木々が四〇メートルの堤防を破壊し、橋の先の地面に一〇〇メートル長の巨大な亀裂を作った。

真夜中、教会の神父は鐘を打ち鳴らした。パニックになった村人が教会へ殺到した。村全体が押し流されるかと思われた。祈る他手はなかった。

幸い翌日の夕方四時、豪雨は止んだ。

外へ出ると、暗雲の切れ間から姿を現した岩山の裾野は無残に削り取られて原型を留めていなかった。瓦礫と岩々に覆われた村はかろうじて生き残った。

列車は仮の復旧作業が終了するまで、チョチスに半年留まった。乗客は、女神が現れ彼らを救ってくれたと信じた。その後、チョチスはローマ・カトリック教会に認められる聖地となる。

当時ジャングルの中に道路はなく、鉄道だけが輸送手段であった。ブラジルとの交易に依存するボリビアはたちまち行き詰まった。

ボリビア政府は日本に救いを求めた。援助資金五五億円の供与が決まった。紆余曲折があり、大成建設と日建ボリビアのコンソーシアム（共同事業体）が線路と橋梁の復旧工事に従事することになった。筆者は派遣社員として大成建設に採用され、地球の裏側のボリビア人にも知られていない異境の小村チョチスで二年間過ごした。

このボリビア鉄道東部路線は、二〇〇七年六月にテレビ朝日「世界の車窓から」、二〇一九年二月にＮＨＫ ＢＳプレミアム「行くぞ！ 最果て！ 秘境×鉄道「ボリビア編」」にて放映された。とりわけ後者では、我々が住んでいたチョチスの村と巨大な石柱岩の麓にある女神を祀るローマ・カトリック教会の聖地が、俳優の古原靖久さんにより紹介された。けれども、酷暑や豪雨に晒されながら、日本人、ボリビア人、ブラジル人たちが汗みどろになって熱帯雨林を切り開き、線路や橋梁を作ったという言及はまったくなかった。

本作品は一九八六年の春先から書き始めたのだから、出版に漕ぎつけるまで三六年の歳月を費やしたことになる。

アマゾンに鉄道を作る　大成建設秘録

電気がないから幸せだった。

目次

第三部　文明の炎に焼かれたチョチス　249

付録　311

◆ボリビアの地図

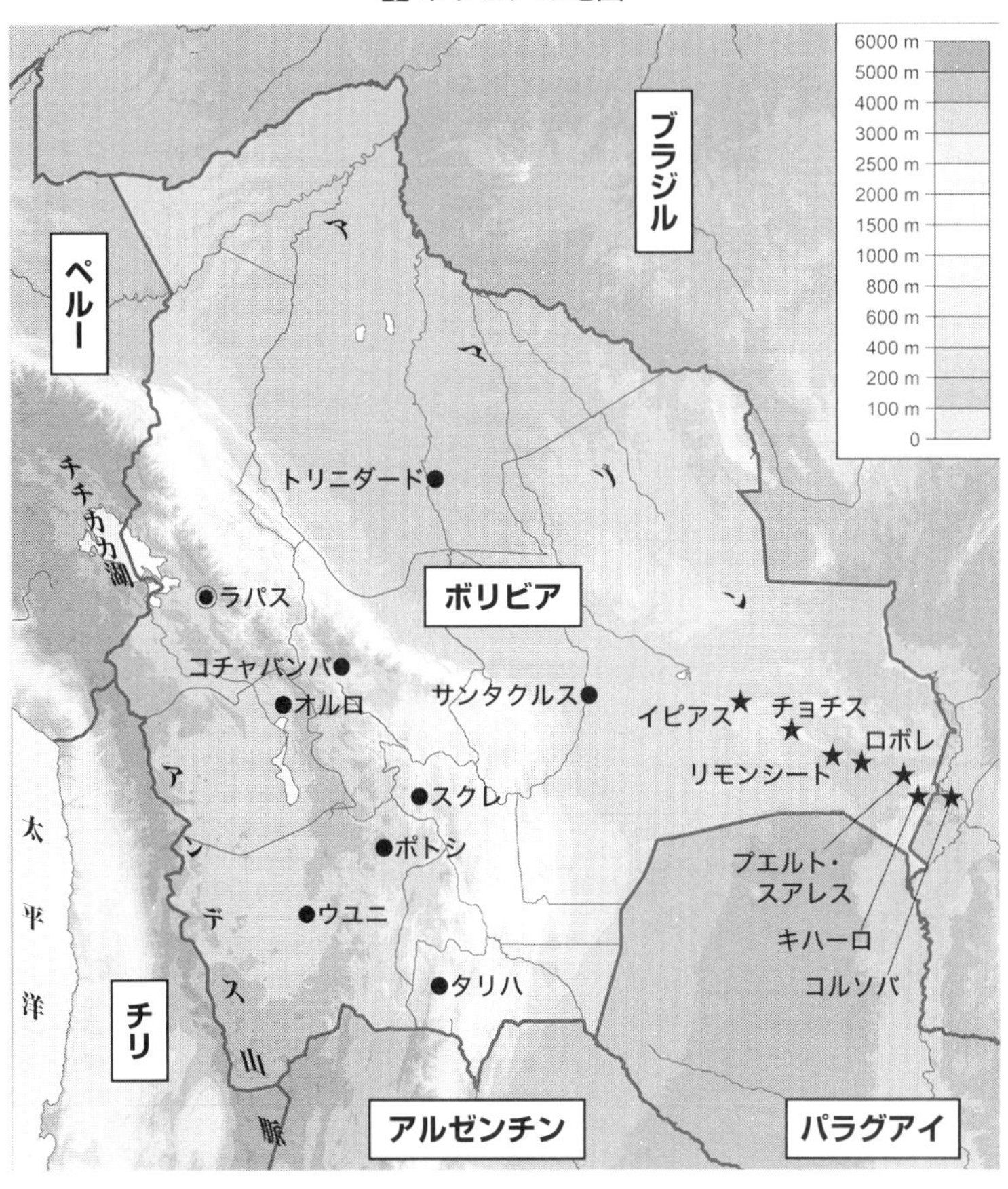

6000 m
5000 m
4000 m
3000 m
2500 m
2000 m
1500 m
1000 m
800 m
600 m
400 m
200 m
100 m
0
ブラジル
ペルー
チチカカ湖
トリニダード
ラパス
ボリビア
コチャバンバ
オルロ
サンタクルス
イピアス
チョチス
ロボレ
リモンシード
スクレ
ポトシ
ウユニ
タリハ
プエルト・スアレス
キハーロ
コルソバ
アンデス山脈
太平洋
チリ
アルゼンチン
パラグアイ

第一部 アマゾンに鉄道をつくる

悪魔の歯といわれるチョチス山――先史時代からある山は、この世の果てを思わせた。（杉沢氏提供）

チチカカ湖で葦船に乗る高地の先住民。ぼくが赴任するのは灼熱の低地のジャングルだった。

岡田有希子が救ってくれた

ハレー彗星が七六年ぶりに地球に接近した年だった。人気の絶頂にあったタレントの岡田有希子が四月八日に死んだ。所属するタレント事務所サンミュージックが入居しているビルの屋上から飛び降りた。道ならぬ恋が原因のようだった。その後、若者の後追い自殺が続いた。逆にぼくは、憑き物がとれたかのように、ほっとした。彼女がぼくの命を救ってくれたような気がした。

時代は、いつも犠牲者を探している。時代の象徴の一人にその時代の負のエネルギーをしょわせるのだ。

当時、二〇代だったぼくはいまの若者の一部がそうであるように、日本に居場所がなかった。恋愛が破綻(はたん)状態にあった。長い春の末、彼女の心は別の男に移ろうとしていた。仕事もなかった。大学卒業後、専門商社を経て、無職だった。

履歴書をいくら出しても、「遺憾ながらご期待に添いかねます」という慇懃無礼な返信が手元に次々と戻ってきた。小説を書いていたが、本になる兆しは皆無だった。

けれどもニートになるような余裕はなかった。一人っ子で母子家庭のぼくは、認知症の兆しのある母親の扶養義務があった。預金通帳の残高が日々減っていった。焦りが募った。

一九八六年、三月初旬、残ったわずかな現金を手にして、ひとり『伊豆の踊子』の舞台である中伊豆の天城温泉郷に旅立った。四面楚歌のような現実から逃避したかった。すべてを放り投げたかった。

男一人のせいか、それとも何かただならぬ雰囲気を発散していたのか、ぼくの姿を見ると、宿の女将たちは誰もがあいまいな表情を作り、週末でもないのに「部屋は残念ながらありません」というのだった。

訪れた七軒目の安宿の女将がやっと宿を提供してくれた。狭い部屋の天井を見て過ごした。将来の不安に苛まれ、なかなか眠つかれなかった。

早朝にタオルをもって外に出た。朝靄の立ちこめる中、人影のない山道を歩いた。しばらくして目の前に、岩場から滝が勢いよく落下している場所まで出た。小高い崖に柵があり、柵の内側には老舗の旅館の所有する露天風呂があった。

楽になりたかった。恋愛のごたごた、就職の困難、母親が認知症の初期にあるらしいこと——冬の間、身体の節々と神経は、それらの現実の重みに軋んでいた。心身が萎縮した状態にあった。そしてこの日本という社会から剝がされつつある予感があった。

ここにはいられない、いてはならない、どこか遠くへ行きたい、そんなぎりぎりとした焦燥が身中の虫のように胎動していた。

誰も居ないのを見計らい、柵を乗り越え、滝のそばの洞窟の露店風呂に入った。暗い洞窟の中を泳ぎ始めると、縮こまって固まっていた心身が少しだけほぐれた。すると、自分を取り巻く問題は、どれもこれも自分の意思では、解決不能だと悟った。恋愛には相手の気持ちがある、就職も企業の事情がある、母親の病気は加齢のせいだ。ならば、すべてはなるようにしかならない。少しだけ軽い気持ちになって、子供がはしゃぐようにお湯をばしゃばしゃと頭上の岩肌にかけた。そうしていると、外から若い男女の声が聞こえ、露天風呂に入ってくる気配を感じた。あわてて湯の中に潜った。反対側の出口まで潜水で泳ぎ、湯から顔を上げると、朝の曙光が洞窟の中を照らしていた。

夕方に家に戻ると、不在のうちに派遣業者から電話連絡が入っていた。

ボリビアに行ってくれ

年末にスペイン語と英語の試験を受けて、ＩＳＳという派遣業者に登録していた。年明けに大成建設からボリビアでの鉄道復旧工事のアドミ業務（労務管理、通訳など）の引き合いがあり、スペイン語の試験を受けた。

ぼくは外国語大学のスペイン語学科を卒業していた。二学年のときに、一年間メキシコに留学していた。最初の就職先も中南米向けのオーディオの専門商社だった。

しかし、退職後、英語の家庭教師や塾の講師のアルバイトをしていたのだから、スペイン語よりも英語に接する機会が多かった。大成建設の試験のとき、「届ける」を意味するスペイン語の「entregar」を英語の「deliver」と間違え、コロンビア人の面接官に「それは英語です」と指摘され、赤面した。当然、不採用だと思っていた。

ところが、ボリビアに行ってくれというのだから、他に行く人間がいなかったのだろう。赴任期間は二年。赴任地はアマゾン川とパラグアイ川に挟まれた熱帯雨林の中の小村。黄熱病の予防接種が義務づけられていた。破傷風、狂犬病、A型肝炎、B型肝炎の予防接種もしたほうが良いという。マラリア予防のための経口薬も持参する必要があった。大成建設の総務経理担当でぼくの直接の上司となる今関は、毒蛇対策に血清を用意していた（以下、敬称略）。

偶々（たまたま）、今関はぼくと同郷だった。北海道の旭川市大町の出身で、父方の実家のあった場所と、彼の家は目と鼻の先だった。幸先がよい。そう思った。人と人は何かしら接点があったほうが、コミュニケーションがスムーズにいくものだ。

その後、ビザの取得、黄熱病や破傷風の注射、母親が安心して住める場所への引っ越し（そのために給与は前借した）、旅行のためのこまごまとした準備、友人たちとの飲み会、恋人との別離の儀式などで多忙な日々を過ごしているうちに、岡田有希子が自殺したのだった。

ボリビアってどこにある

ボリビアという言葉から日本人は何を連想するのだろうか？　アンデスの高地、山高帽の先住民、フォルクローレ、チチカカ湖……いや、なんの連想も湧かない人のほうが多いのかもしれない。ボリビアがアフリカにあるのか中南米にあるのか、その位置を知っている人は稀だろう。

ぼく自身のボリビアに纏わる朧げな記憶を辿ってみると、小学校三年のときの東京オリンピックに行きつく。入場行進で、ごく少数の参加者が歩いていた。母親が「ボリビアってなんか汚い名前だね」と言っていたのを覚えている。オリンピックへの参加者が少ないのだから小国だというイメージが形成されたわけだ。

次に中学一年のときに観た映画と読んだ本に記憶は繋がる。

故郷の北海道の旭川市に「白鳥のように」という謳い文句で革命家のチェ・ゲバラを称える映画が上演されていた。多分、父親と観たのだと思う。ボリビアの山中で一九六七年に殺害されたときの光景がその映画にうつっていた。

興味をひいて、チェ・ゲバラ日記を読んだ。幻滅した。そこにあったのは、農民の協力を得られないまま、日々腹をすかしているゲリラの様子だった。山賊と変わらない存在のように見えた。腹がへった。豚をもらった。牛を買った。鳥をとってきた。そんな言葉だけが頭に刻まれた。かってに革命を唱え、かってに殺された。現地の人間には、はなはだ迷惑だ。今はいっそうその思いを強くしている。

高校になるとボリビアの高地にあるポトシ銀山が世界史の教科書にわずかに顔を出した。価格革命――一六世紀初めから一七世紀半ばにかけて、世界一の産出量を誇ったポトシ銀山の銀がヨーロッパに輸出されると銀の価値が暴落し、物価の高騰を招いたというのである。

ポトシを含め新大陸の銀がスペインを経由してイギリスに渡り、産業革命の資金の一部になった。安価な労働力の先住民が苛酷な鉱山労働の中で、資本主義の礎になったといえる。

その後、ぼくは外国語大学に入学し、中南米地域が専門の領域になった。だがボリビアについては、中南米の独立の歴史にかかわる中でわずかに学んだだけだった。

ボリビアはアンデス地域の独立の父であるシモン・ボリバルの名前をとってボリビアとして一八二五年にスペインから独立している。その後、一九〇回前後の政変やクーデターが起こっているのだから、一年に一度は何かが起こる政情不安の代表のような国である。

一度、自分の足でボリビアの国境をかすめたことがあった。メキシコ留学後、エクアドルとペルーを旅した。そのときは、ペルーとボリビアにまたがっている琵琶湖の約一二倍の広さをもつチチカカ湖まで足を延ばした。葦でできた浮島のウーロス島に船で訪れたところ、先住民の子供たちが、日本語の歌で歓迎してくれたのには、驚いた。

あめ　あめ　ふれ　ふれ　かあさんが

じゃのめで　おむかえ　うれしいな
ピッチピッチ　チャップチャップ　ランランラン

青年海外協力隊の隊員に教わったという。

地獄の鉄道

仕事でもわずかに係ったことがある。専門商社に入社してから、数カ月の間だがボリビアを担当した。その間に商品の引き合いがただ一度だけあった。購入金額は涙が出るほど少なかった。しかも、商品をラパスまで輸出するには、チリのアリカ港まで海路送り、その後国境を越える鉄道輸送となる。輸送費は巨額で、輸送日数も何カ月もかかったと覚えている。

ボリビアは一八七九～八三年の太平洋戦争で、海への出口を失っている。燐鉱石などの鉱物資源を有するアタカマ砂漠の帰属を巡るチリとの戦いに敗れたのである。その後の講和条約で、領土を失う代わりに、アリカ港を通過貿易港とする使用権を認められていた。

ぼくは他の日本人よりはボリビアについての知識があったとはいえ、実際に現地に立ったことはない。

外国に関しては、紙に書かれた情報と実体験はとてつもない差があるのが常である。そこで、旅の準備に忙しいさなか、ボリビアを旅したことのある友人の法月清昭――ラテンアメリカ博物館（https://www.latenamerica.com/index.html）製作者に様子を聞いてみた。

「ボリビアは最高に面白いよ。なにが起こるかほんと分からない国だからね。予測がつかないんだ。それにあの線路はバックパッカーの間では『地獄の鉄道』って呼ばれているんだよ」

脱線が多い、車内は息が詰まるほど込んでいる、などの理由から地獄という賛辞？が与えられているらしい。

それにしても辛い旅に慣れているはずのバックパッカーたちが地獄と呼ぶのだから、尋常ではない。まさにぼくはその鉄道の復旧に行くのである。

第1章 憤怒の風

チョチスの村——電気は10時には消え、暗闇が支配した。

チョチスへ

一九八六年五月二日、旅立ちの日がきた。成田では大成建設の人間二人、橋梁建設を担当する別会社の人間がいっしょだった。

飛行機は、ヴァリグ・ブラジル航空のジャンボ機。ビジネスクラスの料金でファーストクラスに格上げしてくれた。座席は広いものの、三〇数時間乗りっぱなしである。ロサンゼルスで一度給油し、リオデジャネイロに直行。そこで中型機に乗り換え、ボリビアのサンタクルス州の州都サンタクルス市に着くと、へとへとになっていた。サンタクルスの事務所兼宿泊所で体重計に乗ると三キロも痩せ、体重は五〇キロを切っていた。その日は一〇数時間眠り続けた。その翌々日の夕方には、慌(あわただ)しく現場のチョチスに向かった。

チョチスは、熱帯雨林とサバナ地域の境界にある人口千人にも満たない小村。北にアマゾン川の支流であるマデイラ川、東にパンタナルの大湿原を擁するパラグアイ川に挟まれたアマゾン流域の最南端に位置する。

豪雨が発端だった

この村をぼくが訪ねるきっかけとなったのは、六年前の豪雨だった。一九七九年一月中旬、チョノスの五日間の降雨量は四九〇ミリ。一九七八年までの一〇年間の平均年間降雨量は一〇〇〇ミリ前後なのだから、半年分が一気に降った勘定になる。アマゾン特有の降れば土砂降りだが、度が過ぎたわけだ。

三〇数年前と違い、日本を含め最近の世界の気候はアマゾン化しているので、それがどのような事態か想像しやすいと思う。ひとたび雨雲が発達すると勢力が強まり、線状降水帯をなし、局地的集中豪雨となる。

チョチス一帯では、盛土の流失、土砂の堆積、橋梁の破壊などから、線路は壊滅的な打撃を受け、列車は一二〇日間運休し、村は孤立した。死傷者も出た。ジャングルに常設の道路はなく、人と物を結ぶのは、鉄道しかない。

応急処置で鉄道は復旧したが、本格的復旧工事が必要となり、ボリビア政府は日本政府に技術協力と資金援助を要請した。ＪＩＣＡおよび日本のコンサルタントによる調査が数年実施され、一年前に施工企業の国際入札があり、コンソーシアムを組んだ大成建設と日建ボリビアが落札したのである。

工事の中身は、六九キロの区間に延べ三二五メートルの九つの橋梁を建設する他、線路敷設、土工などで、コンサルタント費用も含め総額五五億円になる借款事業となった。

フェローブスは快適だった

到着の翌々日の夕方に、日本からいっしょだったほかの三人とフェローブス（特急）に乗車し、一路チョチスを目指した。目的地のチョチスまでは三五〇キロ。全長六五一キロの鉄道のほぼ中間地点にあたる。

地獄の鉄道と言われているが、座席指定のフェローブスは快適だった。ジャングルの中を時速六〇キロ前後で走り、駅への停車時間を入れて、約八時間で走る。その後、しばしば乗ることになるラピッド（快速）とは大違いである。この線路を走るのは、次のような種類の列車だった。

フェローブス――特急。バスを意味するブスという名前があるとおり、バス型の列車。車両は二両。
ラピッド――快速。快速とは名ばかりで、鈍行列車で脱線が多い。
ミクスト――貨車と客車の両方の車両がある列車。超遅い。
カルゲーロ――貨車。車両数はとてつもなく多く、蛇のように長い列車。

快適とはいえ、フェローブスは小型な分だけ、車両の揺れ方はただごとではない。まるで大海原を行く小船のように上下左右に振れ動いた。その揺れを揺りかごのように心地よく感じて転寝(うたたね)しつつ、目を覚ますと、暗闇の中、銀色の光の束が数十メートルにわたって流れていた。現場の光だった。

村の中は真っ暗闇で、現場のプレハブ作りの宿舎があるベースキャンプ周辺のみが明るく照らし出されていた。すぐに日本から用意していた懐中電灯をショルダーバックから取り出し、明かりをつけ、地面に降り立ち、電車の天井に置かれていた荷物を受け取った。出迎えのボリビア人が何人か来ていた。ぼくの配下となるガードマンたちだった。チョチス駅の真ん前がベースキャンプだった。

闇の中を懐中電灯の光を頼りに、キャンプまで歩いた。そして、三〇メートルほどある細長い事務室の後(うしろ)の食堂で、無事到着したことをビール一杯で祝い、さっそく眠りにつくために宿舎へと向かった。

食堂の裏側にある宿舎は捕虜収容所を思わせる鉄条網を隔てて、日本人用とボリビア人用に分かれていた。

日本人の棟は前と後に二つあった。私にあてがわれたのは後側の二つ目の部屋だった。部屋の中はベッドと机があるだけの簡易なものだった。ぼくはすぐに眠りについた。どんな場所でも眠れることは、海外勤務には有利な特性だった。

憤怒の風

翌日、目を覚まし、外へ出て、あっと息を呑んだ。周囲の景観に圧倒されたのだ。まさにこの世の果てだ。

宿舎の裏側に赤褐色の岩肌を剝き出しにした岩山が迫っていた。見たところ高さ三〇〇メートル、長さ一キロ、垂直に切り立っている。有史以前から存在していると確信させるごつごつとした岩肌である。コナン・ドイル作の『失われた世界』のモデルとなったギアナ高地のテーブルマウンテン、ロライマ山を思い出させた。

前方右手三、四キロ程先には、ビヤ樽をひっくり返したような形の岩山が守護人のごとく、そそり立っている。ポルトンという駅がある場所だ。そして前方には、チョチスの村がちんまりと佇(たたず)んでいた。緑の木々の中に、民家の屋根がわずかに見え、教会らしき塔が立っている。その背後は、低い岩山の稜線に地平線が切り取られ、熱帯のぎらぎらする巨大な太陽が昇っていた。

右手前方の敷地に山積みにされた資機材を見ながら、食堂に向って歩いていくと、突風が吹きつけてきて、身体ごと飛ばされそうになった。南極から吹いてくるスル（南風）と呼ばれる冬の風だ。数日後には、倉庫を建設中の大工が屋根からスルに吹き飛ばされ、軽傷を負った。

チョチスとは、この地の先住民の言葉で「憤怒の風」という意味であった。

ポルトン――この地で16名が土砂に埋まり、女神が祀られた。列車は超長い貨車のカルゲーロ。

混乱する現場

ベースキャンプが一部を除いて完成し、現場は稼動したばかりだった。

ぼく自身何をやればいいのかはっきりしなかった。それは他の社員たちも同じだったかもしれない。日本国内においてさえも、見知らぬ人間が集まって新規のプロジェクトを行う場合、最初は混乱、軋轢（あつれき）、不信などが遂行を妨げることになる。ましてやボリビアの奥地である。チヨチスが初めてのボリビア人にとってもここは異境だった。

つまり、現場はひどく混乱していた。ぼくの作業ズボンもなく、それを集めるのもぼくの仕事らしかった。らしいというのは、まだ役割分担もはっきりしない手探り状態だったからだ。主な職務は通訳と労務ということだが、そのへんは曖昧だった。

他の日本人も書類、資材などをあれこれさがしているのが目についた。

ベースキャンプの事務所は横三〇メートル、奥行き数メートルのプレハブ作りで、ぼくの机は直接の上司となる総務責任者の今関の前にあった。

今関の隣が、工務責任者の山岸、そして軌道・橋梁・土質試験・セメント担当の豊島、工事全般をみる柳沢、メカニックの杉沢、日建ボリビアの庄司の席があった。

彼らの前の席は、各区間の橋梁や函渠（かんきょ）（コンクリ素材の水路）を担当する現場の担当者にあてがわれていた。日建ボリビアの長谷川、高橋、野田、そして日本の別の会社から参加している橋梁や軌道の技術者の席があった。その配下に日系二世、一世がいた。もちろん現場の作業を担当するのは、サンタクルスやコチャバンバなどの大都市から来ている、鉄筋工、溶接工、大工などの職人、ブルドーザーなどのオペレーター、そして土工あるいは職人の手元として働くチョチスとその周辺の村人だった。

ぼくが属する総務部は、ぼくの前に、労務担当の陸軍国境警備隊の元司令官だったカルビモンテ、横に経理担当のフィリッピン人のレン・ナガラ、その前に経理助手のファン、会計のマグネ、秘書のテレサ、そしてオフィスを掃除してくれる、小太りの中年女性ルーチャからなっていた。

食堂は日系移民一世のイトウさん（伊藤か伊東か失念）夫妻が切り盛りをしていた。高瀬所長の個室は総務部の隣にあった。

仕事は朝七時〜一二時、昼二時〜六時の九時間労働でシエスタ（午睡）はない。月に第

一、第三日曜日が休みで、働きずくめの突貫工事。南米で、こんな勤務形態でいいのか心配だった。

通訳はさんざんだった

着いて三日後に、会議の通訳をした。

場所は、大成・日建のベースキャンプから三〇メートルほど左にある施主ＥＮＦＥ（ボリビア東部鉄道）と施工監理担当のＪＡＲＴＳ（日本交通技術）のベースキャンプ側にある会議室だった。

集まったのは、ＥＮＦＥの所長アルセと他エンジニア、ＪＡＲＴＳの所長、エンジニア、二世の通訳、そして大成側の所長と課長格の面々だった。二〇人前後だろうか。

お偉方の中で通訳能力を披露する絶好のチャンスだった。けれども……面目を失った。頭に血が上った。ちんぷんかんぷんの、しどろもどろだった。骨材、粒度調整、発破、雨量計などのテクニカルタームがまったく理解できなかった。極めつけはHormigonとHormigaを勘違いしたことだった。なぜ、鉄道建設に蟻を作って運ぶのか不審だった。アマゾンなので特殊な技術が利用されるのだろうか？　Hormigonとはセメント、Hormigaとは蟻を意味した。全く初歩的な勘違いだ。途中で日建ボリビアの庄司やＪＡＲＴＳのエンジニア兼通訳が見かねて手助けをしてくれた。ありがたかった。

所長の高瀬はぼくの通訳能力に当然だが不満気な顔つきだった。

その二日後だろうか、サンタクルスから食材供給を請負っている会社社長のゴンザーレスの通訳をしているときだった。突然、所長が顔を出し、「わからんのに、通訳なんかやるな！」と怒鳴ってきた。

もともとぼくを雇うことに決めたのは高瀬だった。彼は日本で面接をしたときに「ボリビアですから気楽ですよ」といっていた。実際にはあたりまえの話だが気楽ではなかった。現場にスペイン語を話す人間はたくさんいたのに、なぜぼくを雇うことになったのだろうか？

思うに総務には、今関の子飼いといえるレンがいた。二人は、二、三年イラクの仕事で同じ釜の飯を食べてきた仲だった。フィリッピン出身のレンは、小学校頃まではスペイン語の授業を受けていたこともあり、スペイン語も理解できた。

多分、所長も手足となるような日本人が欲しかったのではなかろうか。だが、その目論見は、最初は裏切られたと感じたに違いない。

ぼくにも言い分があった。テクニカルタームのリストぐらい前もって渡してくれるものと期待していたが、そのようなことはなかった。

――ちぇ、えばりやがって。夕方六時には必ず仕事をやめて、フリータイム、村に遊びに出よう。

内心そう思った。ぼくは権威に対して反発するたちだった。

こんな門出だったが、通訳という仕事についてぼくに不安はなかった。スペイン語を思い出し、テクニカルタームを覚えるにはひと月もかからないと踏んでいた。

それよりも気にかかったのは、ボリビアの労働者たちの不穏な動きだった。

不穏な動き

「安全靴が半額補助で、ただで配給しないのはけち臭い。ほかの会社はみんなそうしてくれた」

「フットサルのコートもないし、テレビもない」

「食事もまずい。油濃過ぎて病気になる」

「こんな環境じゃ、サンタクルス駅の新設工事は三年間だから、そっちのほうに行くよ。なぜ、経験のある日建ボリビアの人間が大成に助言しないのかね」

労働者たちの不満の声があちらこちらから聞こえてきた。とりわけ、サンタクルス、コチャバンバなど遠方の都市から来ている職人は、休日のあり方に不満を持っていた。

「日曜日に働いて普段の二倍の給与をもらっても割りに合わないよ。だって、月に二度の日曜の休みでは、地元に帰ることができないからね。他の曜日に休んだら有休休暇にならないっていうし。まとめて休みをとりたいんだ」

あるとき柳沢の配下の職人が次の土曜日に休みたいと許可を取りにきた。

「一〇日も家族に会わないわけにはいきませんから」

そのとき、大成・日建の日本人たちは押し黙った。大成建設の社員が家族に会えるのは、六カ月おきの休日に帰国するときだった。妻や恋人との関係では、ボリビア人のほうがリスクは高かった。

「こないだ、あいつの奥さんが他の男と歩いていたのを見かけたっていう話が伝わっているんですよ」

冗談まぎれで、サンタクルスの人間がよくそういっていた。だがそれは冗談ではなく、女たちがいつ間男と関係を作るか、油断のならない国だった。

事務所の周辺で労働者たちが集まって休みの件でざわついていることが何度かあった。カルビモンテが矢面に立って、「早く各自職場に行け！」と怒鳴っていた。

「このまま不満を放置したら、そのうち血の雨が降るぜ」

レンがいった。

次の土曜日には地方から来ている職人はほぼ全員が帰ってしまい、結局休日とするしかなかった。

利害と文化の衝突

休日に関して不満を抱いているのは、都市の人間だった。チョチスの人間は、「サンタクルスの人間と給与が違いすぎるよ。遠方から来ているということを考慮してもね」といっていた。

職人の給与は現地通貨をドル換算すると、三〇〇〜五〇〇ドル。それに比べて手元や土工の給与は一〇〇ドル前後だった。だが、彼らは現金収入を地元で得ることができるのだから、ある意味、ふって湧いたような話だった。多くは自給自足的経済を営むか、都市へ出稼ぎに行く必要があったのだから。

一方、ロボレなどのチョチス周辺から出稼ぎに来ている人間は別の不満を抱いていた。

「サンタクルスの人間には、宿舎があてがわれているけど、ロボレの人間は自分の経費で泊まる所をさがさなきゃいけないから、不公平だよ。給与が安すぎる」

都市住民用の四人部屋の宿舎はあったが、チョチス以外の周辺の住民は、村に泊まる必要があった。このように、出身地により、労働者たちの利害は分裂していた。

それだけではなかった。ボリビアは一つの国であって、実は二つの国だった。低地と高地で、気候風土、人種、文化、風俗がまったく違った。

ラパスやコチャバンバなどの海抜二五〇〇～四〇〇〇メートル級の高地の人間をコーヤと呼ぶ。彼らは先住民系の血が濃く、音楽はフォルクローレ、言語はスペイン語とアイマラ語やケチョア語、食はジャガイモ、勤勉で政治的。アンデスの山高帽や、アルパカやヤーマの毛糸の帽子を被った彼らこそが、日本人の知るボリビアだった。

とりわけ鉱山労働者のストライキは過激だった。ラパスから来ていた会計担当の大酒飲みのマグネはいう。

「あの大統領はすごいよ。鉱山労働者が体中にダイナマイトを縛りつけて『要求を聞かなければ爆発させるぞ』とすごまれたとき、『おお、我が友よ』といってきつく抱きしめたのさ。そうするとダイナマイトに発火できないからね」

体質も低地の人間とは違う。空気の薄い高地から低地に降りて生活すると、体内の酸素濃度が高すぎて酸素中毒になる。体調を崩し、太腿をぱんぱんに腫らす労働者もいた。

一方、チョチスが位置するサンタクルス州は、熱帯雨林に囲まれた低地。そこに住む人間をカンバと呼ぶ。どちらかというと白人系の血が濃く、音楽は熱帯の陽気なクンビア、言語はスペイン語、食はアマゾン系のユカイモ、怠惰で享楽的、政治には不熱心。女性は美人の誉（ほまれ）が高い。

サンタクルス出身のフアンはよくいっていた。

「なに、考え事しているんだよ。考えたって、彼女は君のことをこれっぽちも考えちゃいないよ。それよりも、さあ、踊りに行こう！」

この二つの民族、その文化、利害は衝突し合っていた。カンバとコーヤの間に生まれた女性は、自らを混血カンバ・コーヤと称していた。まるで別の国なのだ。現在でも、天然ガスを産出するサンタクルス州は度々（たびたび）独立を求めている。

そして、分裂しているのは、ボリビア人だけではなかった。日本側だって、一枚岩ではない。どこの職場にも火種はあるものだ。

呉越同舟

日本人は集団的で個性がないとよくいわれる。だが、それは違う。慎ましい表現方法や表情の乏しさにより相違を隠しているに過ぎない。生まれた年、出身地、遺伝、家庭環境、属するグループなどにより、個人が持つ文化、行動、性格、個性は大きく違う。この熱帯雨林の中ではいっそうそれが際立った。

地元に根を張る日建ボリビアと日本を見ている大成建設、スペイン語のほうが得意な二世と、炭坑不況や沖縄の土地不足（米軍に土地を接収された）などを理由に一九五〇年代、六〇年代に移民船で辿りついて熱帯雨林を切り開いた移民一世、そして豊かな日本から来てボリビア人と結婚し、ごく最近から定住している者。さらにぼくの所属先の大成建設の上層部の三人はまったく違う性格で、行動指標も違っていた。

高瀬所長は、出費を押え、短期で仕事をやりとげるのが目的だった。それはあたりまえではあった。また、なによりも国内での評価を考えているようにも見えた。サラリーマンとして当然だった。だが若いぼくにはその当然が気に食わなかった。労働者に対しては「生かさず殺さず」、そんな古い概念を信奉しているように見えた。

「ボリビアはこんなもんですよ」

彼はそんな言葉をよく吐いた。ボリビアに赴任する以前はインドネシアのプロジェクトに従事していた。だが、ボリビアの社会、文化にさほど配慮せずに、日本式のやり方で限界まで進もうと強い意思で決意していたようだった。それもひとつのやり方だった。熱帯雨林の中のチョチスにいてもいつも髭をきれいに剃り、髪の毛を整えていた。日本にいる時と変わらない流儀を押し通したのだろう。

彼は「労働者を事務所には入れるなよ。なめられるから」と総務の責任者の今関にいった。狭い事務所に、やたらめったら人を入れないほうがいいだろう。混乱の元だ。だが、その理由は何かピントが外れているように思えた。

一方、今関は、まったく違っていた。労務交渉の場では、自分を諭すように、「でも、郷にいっては郷に従えっていうからな」という言葉をたびたび口にした。また、労働者が怪我をしたようなときには、すぐに駆けつけた。彼はボリビアに来る前は、イラクで数年働いていた。会計を担当しているのに、実に大まかで細かいことには拘泥（こうでい）しなかった。その意味でやはり大雑把なぼくと波長が合った。

一方、工事責任者の山岸は、どこかに紛れた金庫の鍵や重要書類を慌てて探している隣の今関を見て、「あんた、それで経理でだいじょうぶかね」とよく冗談めかしていっていた。技術者の彼は、何事にも詳細だった。もともとこの工事は、彼のプロジェクトと言ってよかった。八四年の早い段階から係り、ラパスで日建ボリビアの庄司とともに徹夜で見積もり書を作った。彼と親しい別の上司が所長に就くはずだった。だが、途中から社内の流れが変わり、高瀬が所長に就いた。山岸は所長と同期だった。

大成建設の社員の中にさえ「こんな雰囲気の悪い現場は初めてだよ」といっている者もいた。

日本側もボリビア側も利害や文化が錯綜し、ごった煮になって、いつか沸騰しそうな予感があった。そんな中に、突然入りこんだわけだから、本来はストレスの強い職場だった。

ぼくを派遣したＩＳＳ（派遣会社）の担当者は、「中近東にアドミで行ったときに、寝ているとぶるぶる震えて身体が動かなくなったことがあるよ」と脅すようにいった。

しかし、ぼくにとっては、中近東と違い、この南米は日本にいるよりもずっとストレスが少なかった。

ひと月もして仕事に慣れ始めたこともある。仕事は、完成証明、設計変更願い、土質検査などの日本語からスペイン語への翻訳、素行の悪い労働者への警告（三度で解雇）、労務交渉の通訳、食材の手配など。重要なテクニカルタームはすでに大方覚えていた。

また、労務交渉時に、あるとき「棺おけ」という言葉を使う必要があった。村人がそのための材料を求めていたのである。そのとき出席していた所長は、「わかるかな」といった。だが、スペイン語の小説を読んでいたぼくには馴染み深い言葉だったので、すぐに口をついて出た。所長はそれ以来少し見直したようだった。

ソコサで踊る——コロンビアのクンビア、そしてスティービー・ワンダーの「パートタイムラバー」にのって軽快に。

村の生活

ストレスがないのは、ぼくが村の生活にすぐに馴染んだからでもある。滞在期間中は、無意識のうちにボリビア人（カンバ）になろうとしていた。スペイン語を修復する必要もあったし、村人がどんな生活をしているか知りたかった。

ぼくは暇があれば村の中を歩きまわった。キャンプの前のだだっ広い野原、そこでぶざまな声をあげる放し飼いの数頭のロバ、教会、その横のバスケットコート、サッカーグラウンド、小学校、病院、フットサル競技場、駅、スペイン人が経営する村唯一の雑貨屋。

住居は草木の間に点在している。家々には、京都の寺院の結界を思わせる棒や柵があったが、いつでも乗り越えることができた。電話などないのだから、用事があれば実際に家を訪問する必要があった。

家の中の居間にはベッドとラジカセがあるだ

けだった。テレビを持つ家は一軒だけだった。だが、電波が届かなかった。パラグアイかブラジルの放送局の電波をまれに捉えるのだが、画面に無数の縦線が入ってジージーと雑音がした。だから、口コミとラジオが外の世界との窓口だった。

日が落ちると、村人の家の前の縁台に座って夕涼みをした。夜の帳（とばり）が落ちると、天空いっぱいに、星屑がまたたく間に銀河を作った。日本ではかつて見たことのない夥（おびただ）しい星々に夜空が白く塗り込められていた。七六年振りで現れたハレー彗星はすでに地球から遠ざかっていたが、肉眼でわずかに捉えることができた。それも二、三カ月で視界から消え去った。だが、岩山の背後に輝く南十字星や、横倒しのオリオン座の三つ星の下にあるオリオン星雲を肉眼で確認することでき、小学生のときから望遠鏡を覗いていたぼくは、久しぶりに夜空を眺めて感激した。

けれども夜が更けると淋しかった。家の中で会話がとまると、周囲の熱帯雨林から虫や獣のさざめきが聞こえてきた。ある村人は、「ジャングルには魔物が住む」といった。実際毒蛇やティグレ（アメリカ豹）が生息していた。

土日の夜になるとディスコティックや酒場が開いた。同世代のフアンやレンと連れ立って訪れた。給料日のあとは賑わっていた。ただし、夜一〇時には村の電気が消えた。村に一つの古ぼけた発電機の燃料節約のためだった。発電機が故障して、数日、村の中に照明がないこともあった。

単純な生活だった。語らい、家族、友人、酒、音楽、踊り、休日のサッカー。大成建設の社員とのテニス（後日テニスコートができた）や娯楽室での将棋。ぼくはこの生活を愛するようになった。人にとって他に何が必要だろうか？

出会い

事務所から、宿舎に忘れ物を取りに行ったときだった。褐色の肌の女性が早朝の眩い光の中に浮き立っていた。ジーンズを履いて、赤に白のストライプの入った半そでのTシャツを着ていた。箒とちりとりを持って歩いてくる。ぼくにはアマゾンの原生林に咲いた可憐な淡いピンクのカトレアのように見えた。

日本人宿舎の掃除と洗濯のために新しく雇われた三人の女性のうちの一人だ。彼女らの管理もぼくの仕事のひとつだった。前側にある宿舎の影の中でぼくたちは向かい合い、朝の挨拶をした。

「ブエノスディーアス」

「ブエノスディーアス」

すらっとした均整のとれた身体、小麦色の肌、整った目鼻立ち、そして、言い出したい何かを秘めているような茶色の瞳に、ぼくは魅せられた。

このアマゾンでは初対面の男女は、口に軽くキスをするのが習慣だった。南米ほぼ全土を訪れたが、これほど最初から男女が密接な場所は経験したことがなかった。

だが、職場の中では、それは控えたほうがよいと最初ぼくは思った。

彼女も同じ思いだったのか手を差し出したので、ぼくもその手を握った。熱かった。

「なにか仕事でわからないことあったらいって」

「あなた、名前は？」

ぼくは自分の名前をいった。

「覚えられないわ、ここに書いて」

彼女はぼくが持っていたボールペンに視線を這わせた。差し出された彼女の浅黒い手首にローマ字でぼくの印を刻んだ。彼女は白い歯を見せてけらけらと笑った。そして、ぼくの名前を暗誦し、

「わたしはプーラ・ムニェスよ」

とぼくの顔を直視していった。ぼくは彼女の中で滾（たぎ）っている熱帯の淫猥な血に感染したような気がした。

「よろしく」

そういって、部屋に行き、夢心地で忘れ物を取って事務所に戻ると、ファンがどこかで盗み見ていたのだろう、ぼくの顔を見て揶揄（やゆ）するように、その当時流行（はや）っていた歌を口ずさんだ。

モレーナ　トロピカ―ル（熱帯の褐色の肌の女性よ）
ヨ　キエロ　トゥ　サボール（君を味わいたい）

アイ　アイ　アイ　アーイ！

こうしてぼくの生活に恋愛が書き加えられた。

吹きぬけのディスコティック

村には土日の夜に営業する「ソコサ」という名のディスコがキャンプの真ん前にあった。自身の家の軒先をディスコに改築したのである。木造で屋根はスレート、土間は土。飲み物はビールのみ。音楽は中南米のポップス、クンビア、サルサ、そしてアメリカのロック。入場料は二ボリビアノス（一ドル相当）。オーナーは会社で労務者として働いてもいた。

村の女性はまるで東京の若者が六本木にでも行くかのようにめかしこんでやってきた。だが六本木と違い、激しいステップで踊ると床から土が舞いあがった。周囲にブタやロバやニワトリも歩いていた。中に入れない子供たちが、大人たちの踊っている様子を羨ましそうに覗いていた。窓から顔を出すと、夜空に天の川が見えた。

ぼくはレンやファンと連れだって、ときには一人でも踊りに行った。給料日のあとは盛況だった。働いているボリビア人たちが大勢顔を出した。

ディスコは誕生パーティと同様に週末の男女の出会いの場であり、若者が恋愛術を学ぶ場だった。男性は、長椅子に座っている女性に手を差し伸べさえすればいっしょに踊ってくれる。断られる心配は少ない。

当時流行っていたコロンビア発生のクンビアは、さほど踊ったことがないのでリズムに乗るのが難しかった。だが、ステップが少しぐらいおかしくても気にせずに楽しむのがラテン流だ。

「名前は？」

「学生？」

「どこに住んでいるの？」

「今度のパーティには行く？」

「いっしょに裏山の滝つぼに泳ぎに行ってみる？」

手を取り合い、向かい合って、互いに短い会話をジャブのように繰り出す。そのときの微妙な受け答えと、表情の変化で相手の自分への関心や好き嫌いを判断し、あるいは相手の関心をひく。こうしてアマゾンでは恋愛の場数を踏んでいく。

プーラも時々「ソコサ」に顔を出した。するとぼくは彼女の姿しか見えなくなった。チャンスをうかがって彼女の胸元に手を差し出すが、他の男に先んじられることが度々だった。彼女が椅子に座るのは稀だった。

外で出会ったとき、彼女はぼくを特別扱いせずに、冷淡でさえあった。だが、職場のキャンプ内ではまったく違った。

挑発

最初に挑発したのは、プーラのほうだった。

昼休みの時間、部屋の中で、もう一人雇っていたアデーラと話しているときだった。プーラが突然やってきて、ぼくの部屋に入るなり「わたし、病気よ」といい、ベッドにいぎたなく上半身を横たえた。

「どこが？」と聞くと、ふざけた調子で「からだ中」と答える。

「病院に行けば」

「行っても治らないわ」

アデーラが、「その病気は同じ女じゃないとわからないわよ」といった。

「でも、治すための医者はほとんどが男だよ」

そうぼくがいうと、アデーラは遠慮するように部屋の外に出て、洗濯ものを干し始めた。彼女の姿がドアの影に紛れた。

部屋に二人きりになって「どこが悪いの」と再度聞くと、プーラは「ここが」といってぼくの手で自身の腹部を押えた。Tシャツの生地をとおして、彼女の熱い体温が掌に伝わってきた。ぼくらはそのまま身体を重ね合い、口づけた。

外からアデーラの笑い声が聞こえてきた。

「なぜ、わらうの」

プーラがいった。

「さあ、知らないわ。わたし、洗濯しに行くわよ」

アデーラが洗い場へ歩いて行った。プーラは立ち上がっていった。

「なぜ、キスしたの？」

「治すためにさ」

「わたしも、行くわよ」

ぼくも立ち上がった。そして部屋を出ようとする彼女をひきとめ、もういちど口づけた。

その日以来、ぼくらは人目を忍んで抱擁するようになった。

あなたは行ってしまう人

こうして二人が惹かれあうには、今思うと理由があった。彼女には幼い子供が二人いた。だが一度も父親は見かけたことがなかった。ぼくはその理由を詮索しなかった。ここではそれが普通で、むしろ夫婦そろっているほうが少なかった。

つまり、彼女には破綻（はたん）した夫婦関係が、ぼくには破綻した恋愛があった。同じような過去を共有した男女の心の隙間が、互いを強く求めていたのだろう。

でも、彼女はその思いを村の中で出会ったときは明らかにしなかった。ぼくには、彼女の冷淡な態度が不満だった。

あるとき、聞いた。

「外で会ったときはなぜ、冷たくするんだ。ぼくはいつも君といっしょにいたいのに」

ぼくたちの関係はアデーラが知るところなのだから、この楽しみの少ない小村には瞬く間に噂話が流れているはずだった。だから、ことさら人目を気にする必要はない。

「いつもいたいですって」

「ああ、それにきみはどうして愛し合ってくれないんだ」

彼女はキスと抱擁以上のことは許さなかった。そのキスは挨拶のキス以上のものだった。だがそこから先は拒まれた。

「あなたにはいってもわからないことがあるのよ。それに、あなたは行ってしまう人よ。それで、わたしはどうなるの？」

ぼくは答えることができなかった。

今になって、ぼくは彼女の言葉は村の人間とぼくたちとの関係の核心をついていたと思う。ぼくも、そしてほかの日本人も、あるいはその後雇うブラジル人も、そして都市から来ているボリビア人も、この村人にとって通りすがりでしかなかった。彼らはここに残り、そしてぼくたちは行ってしまう存在だった。たとえ、完成した橋や線路が残るとしても……。

そして、程なくして二人の関係に厳しい現実が突き付けられることになる。

彼女の夫

一九八六年のワールドカップ決勝をテレビで見るために、休暇をとってぼくはブラジル側の国境の街コルンバへと短い旅に出た。

　ボリビア側国境の街プエルトスアレスの駅を降りてタクシーを物色していると、ちょび髭を生やした若い男が近づいてきて唐突に「プーラはどうしている？」と聞いてきた。消息を伝えると「おれの妹なんだ」といい、彼女を思いやるような顔つきをした。男はチンゴという名前。運転手だった。ぼくは彼の車で国境の検問所まで行った。

　チョチスに戻ってから、そのことをプーラにいうと、けらけらと笑った。そして気分が悪いといった。

「チンゴは私の夫よ」

　それ以来、ぼくらの抱擁はますます切なく希望のないものとなった。

　ぼくが彼女の夫と出会って一カ月後、プーラもプエルトスアレスを訪れたとき、たまたま駅で夫に会ったという。

「どこに住んでいるか私に見せたわ。独りでいるって教えたかったのよ。今度チョチスに来るっていうの。またいっしょに住もうって。最悪の気分よ」

　ぼくは心に反して、つまらない分別のあることをいった。

「子供のためにはいっしょに住んだほうがいいだろう」

「彼もそういったわ。でもわたし、いやよ、子供のために帰ってくるなんて」

　脳裏にチンゴの少し淋しげな表情が浮かんだ。ぼくは同性の男の味方になっていった。

「でも、もう一度機会を与えたら」

「だめ、いつも同じ。最初のひと月はいいの。でもすぐに他の女を追いかけるのよ。頭にきちゃうわ。男、男、男、もううんざりよ。二度と結婚なんかしたくないし、誰にも愛されたくないわ」

「ぼくだって、君を愛したくないさ。でもしかたがないんだ」

一瞬ぼくたちは見詰め合い口づけた。長いキスを終えると、彼女は懇願するようにいった。

「八月一五日よ、夫が来るの。ポルトンのお祭り（＝大災害時に女神が降臨して雨を降りやませたことを祝う）に。そのとき、あなたにうちにいて欲しい」

ぼくはひるんだ。彼女とこの村に、あるいはこの国に残るという選択は、現実味がなかった。ぼくは一人っ子だったし、日本には母親を残していた。ぼくは正直に答えた。

「それはできない」

彼女はぼくを試したのだろうが、その答えは否だったわけだ。

誕生日の贈り物

ぼく自身の誕生日の前日の日曜の夜だった。ひとりでディスコ「ソコサ」を訪れると、給料日前だったので、いつもより人は少なかった。元司令長官のカルビモンテがぽつねんと長椅子に座っていた。五〇代の彼はまだ恋人募集中だった。

ほかにレンがサンタクルスの恋人のシルビアと、ファンが愛人で小学校の先生のプーラ・カンポといっしょにいた。そのうち、音楽に誘われるように、村の男女や職人や二世が三々五々集まってきた。プーラ・ムニェスも男といっしょに現れた。

なぜ、男と？

ぼくはその男が席をはずした隙にすぐにプーラを踊りに誘い出した。

「チンゴがあなたのことを〝兄弟〟だっていっているわ」

「え？」

予想外だったので、ショックが大きかった。予定の日よりも数日早く来たので、ぼくは彼が夫だと気付かなかったのだ。彼女にかける言葉が見つからず、混乱したまま一曲終わると元の席に戻った。

よく見ると、プーラは、確かに以前見かけたちょび髭の男といっしょに座っていた。ぼくは最悪の気分だった。その気分を払いのけるように真っ赤なTシャツを着た女性と何度か踊った。アフリカ系の血が濃い女性、ビビアーナだ。

そのうち、シルビアがぼくを呼んだ。彼女の隣に座ると、「あの娘、ビビアーナがあなたのこと、好きだっていっているわ」といった。

でも、ぼくはプーラしか見ることができなかった。勇気をふるって、もう一度、夫の横にいる彼女を踊りに誘い出して、聞いた。

「気分は？」

「最悪よ」

踊りながら彼女の手を取ろうとすると、怒ったように手を振りほどかれた。視線を彼女がいた席にそっと向けると、夫のチンゴが苦々しい顔つきをして、妻と別の男が踊っているのをじっと見つめていた。

ぼくたち二人はぎこちなく踊った。ぼくとプーラの間には、越えられない堅く高い壁が存在していた。冷ややかな空気が漂った。曲が終わるか終わらないかのうちに、ぼくらは別々の席に戻った。

そのうち、プーラの姉と母親がプーラの娘を連れてやってきた。他の家族は心の離れた夫婦の仲を取り持とうというのだろう。だが、夫婦はみるからによそよそしかった。そのくせ夫のチンゴは、痛いと感じるほどの強い視線をぼくに浴びせ続けていた。プーラたちは三〇分ほど留まってソコサを出て行ってしまった。

一〇時半に村の電気がさっと消え、フィエスタはお開きになった。カップルたちは闇の中へと消えて行く。

ぼくは、むしゃくしゃした気分のまま、その夜いっしょに踊ったビビアーナを家まで送って行った。その途中、自暴自棄に彼女にキスした。

「やめてよ、あつかましい」

と彼女はいった。

広場の前にある彼女の家の軒下でぼくたちは隣り合って座った。ぼくらは何度かキスをした。そのたびに彼女はいった。

「わたしはプーラじゃないわ。それにほかの村の女みたいにふしだらじゃないの。あっちこっちに男をつくって、別々の父親の子を育てたりしないわ」

まもなく軒下に、男のほうが日系人のカップルが二組来てそばに座った。そのうちのひとりの女性がぼくの髪の毛を引っ張った。あとからわかったが、ビビアーナの従姉妹（いとこ）のマリオネーラだった。きっとビビアーナのどっちつかずの様子を見て取ったのだろう。

彼女は髪の毛だけではなく、Tシャツを引っ張り、ビビアーナからぼくを無理やり引き離して、ぼくを奪い取った。

そしてラテン系の、しかもアマゾンの女だからこそと思われる早急な告白をした。時は逃すわけにはいかないのだ。

「あなたを見かけたときから好きだったわ」

そう耳元で囁き、「日本に彼女はいるの？」と聞いてきた。答えずにいると「彼女が何をしているかあなたは知らないし、それに彼女があなたの今していることを知らないわ」といい、ぼくを抱きしめた。

「どうせ、ビビアーナはあなたとしないわ。従妹だからわかるの。わたしをどこかに連れて行って。あなたの部屋？」

キャンプの部屋に見知らぬ女を連れて行くのは避けたかった。

村の広場の真ん中に、小さなドーム型の休憩小屋があるのを思い出した。

「ねえ、どこ？」

「ああ、行こう」

ぼくは、ビビアーナと日系人の男とのカップルを軒下に置いてきぼりにして、彼女と手をつないで、俄(にわ)かに吹きつけてきた風にあらがって、欲望に突き動かされ、よろけるように前進した。二人とも無言だった。話しても聞こえなかっただろう。南極からの風が周囲の熱帯雨林を押しのけるようにヒューと唸りを上げて吹きつけてきた。それは、背後にある、失われた世界を思わせるテーブルマウンテンの赤いごつごつした岩肌を駆け上り、降り、そして吹きつけて来る日本でいえば山背(やませ)だ。それでもまだ雲が空を覆っていない。頭上を見上げると、アマゾンの夜空を銀色の帯がおおっていた。すばらしく美しいアマゾンの夜だった。

ぼくたちは、誰もいない公園の休憩場のベンチの上で愛し合った。互いの愛撫のあとで、彼女の熟れた豊満な肉体にぼくの華奢な身体を重ねた。激しい風が、二人の傍(かたわ)らを吹き去って行き、天の川の端から星が流れた。

彼女は別れ際にいった。

「わたし、二年前に別れたの。ひとりでロボレに住んでいるわ。来て」

マリオネーラは狩人のように日本人の男との情事を求めていたのである。

翌日、プーラと部屋で会うと、「誕生日おめでとう」と祝い、ぼくに何度も口づけていった。

「これが最後よ、あとは友達でいましょう」

そして付け加えた。

「誰とキスしたの？」

ぼくの首筋にはマリオネーラの唇の印が残っていた。

南の恋愛

プーラとのことは、諦めるしかなかった。空虚な心を埋めるように、他の女性と交際することがあったがうまくいかなかった。ぼくの心が他の女性に奪われていることを見透かされた。マリオネーラとも短い付き合いだった。

しかし、プーラはというと、そのうち、食材供給会社の若い副社長と付き合うようになり、最後はレンの恋人となった。

レンは最初村では別の女性と付き合っていたが、その女性は別の日系人の彼女になっていた。彼はあるときいった。

「ここの女は男をバスケットボールのように思っているのだ。つぎつぎとパスするんだよ」

あたっていた。ここでは一〇代の中頃から男と女は無数の短い恋愛を繰り返すのである。一〇代でも夫の違う子供を二、三人かかえている娘は何人もいた。アマゾンでは男女は知り合うに易く、添い遂げるに難しかった。理由もある。夫や恋人がどこかに仕事を探しに行けば、戻ってくるかどうかの保証はない。当時の連絡手段といえば、人を介しての手紙だけだ。政治も経済も不安定で、自然条件も厳しい。生きているのか死んでいるのかも不明だ。明日は、限りなく儚く頼りない。

しかもチョチスは陸の孤島で、母系の影響が強い社会だった。男性は単なるセックスの相手、子種のための存在だった。だから遺伝子は遠いほどいいのだ。

そして、子供は成長が早かった。三〇代のまじめな家族持ちの職人で親方の地位にあるギド・サラサが、村の一二歳の女性と駆け落ちしたことがあった。ギドの妻が総務部のぼくらのところにやってきて、どうにか夫を探してほしいと涙ながらに訴えてきた。ある日系人が「え、あの娘が一二歳！」と驚きの声をあげた。熱帯の太陽のせいか、異様に生育が早いのである。ぼく自身様々な男と浮名を流している一三歳の少女に手を握られ、「どこかへ連れて行って」と誘惑されたことがあった。ぼくが相手にせずにいると、彼女は自分の男性遍歴を赤裸々に語った。

そのとき、ぼくが思い出したのは、ドストエフスキーの『悪霊』と夏目漱石の『こころ』だった。『悪霊』では、主人公のスタヴローギンは関係をもった一二歳の少女がクビを括って自殺したことで、罪の意識を持ち続け、その罪の意識をひとつの理由に自らも自殺する。『こころ』では、親友の彼女を奪ったことで心に傷を負った〈先生〉は、明治天皇の崩御を契機に、自殺する。しかし、このような文学的主題は南の国ではまったく成立し得ない。こんなことは馬鹿げた行為として笑われるのがオチなのだ。国も人も一寸先は闇で常ならず。男女の絆も脆く儚い。

諸行無常、そんなことは言わずもがなのことであった。

文明と恋愛

キャンプには日本から輸入した発電機があり、夜も煌煌(こうこう)と明るく輝いていた。電灯には夥しい巨大なゴキブリが光を求めて群がっていた。村はというと、夜の十時を過ぎれば、いや村の発電機が不調ならば、太陽が落ちるとともに、闇に閉ざされた。今思うと電気は文明の分水嶺であり、それは恋愛や出生率と大きくかかわっていた。

後日日本で、ある月刊誌のために日本の恋愛事情を取材・考察したことがあるが、当然、アマゾンとは違う。マッチングアプリや企業が提供する出会いの場はある。けれども自由な恋愛市場は著しく狭い。男性は断られるのが怖くて女性に声をかけられない、女性は非正規社員のような男性は是が非でも避けたい、大企業に勤務する若い男性は仕事が多忙で恋愛に時間が割(さ)けない。少子化が進むのもあたりまえである。そんな状況下、恋愛方法を教える「恋愛塾」「ナンパ塾」「恋愛セラピー」などの需要があり、事業として成り立っていた。

けれども昔の日本は違っていた。アマゾンの職場の若い日系移民一世の中に能登半島出身者がいて、子供のころまだ夜這いの習俗が残っていたというのである。

なるほど、柳田國男のような官制の臭いが強い民俗史ではなく、赤松啓介のような在野の民俗学者が描いた日本社会には、明治、大正、昭和の庶民の性生活が描かれている。農村でも商店でも、夜這いの習慣が普通で、祭りなどでは乱交もあったようで、明るい農村というのはまさに公の言い草だが、その底に隠れているのは、明るく愉しい性生活の農村ということであった。森敦の『月山』や漁村を舞台とした山本周五郎の『青べか物語』にもそのような習俗が描かれている。かつて、日本の庶民にとっては、いかに多様で愉しい性生活を送るかが、第一の生存意義（レゾン・デートル）だった。アマゾンの小村とさほど変わりはなかったのである。遠い昔ではない。

ひと言でいえば「遊びは勉強してからにしなさい！」という、明治以降の、西欧化、富国強兵、殖産興業、高度成長、そして教育勅語、修身、芸能スキャンダル雑誌を含むマスメディア、電気や携帯に代表される文明など、もろもろの影響もあってか、恋愛や性の習俗も変わってしまった。

その分水嶺となったのは電気だった。電灯の有無が出生率に強くかかわっていた。『大正デモグラフィ　歴史人口学でみた狭間の時代』（速水融・小嶋美代子、文春新書）には、こんな指摘がある。所々抜粋してみる。

「明治四三年に一九四・九万灯に過ぎなかった日本全国の電灯取付け数は、大正一四年には二七三二・一万灯と約一四倍に増えている。一五年間にこれだけの増加をみせたのは、この時期だけである」「電灯は庶民の「夜の生活」を変えた、といっていいだろう。電灯のもとで、人々は雑誌や書籍を読むこともできたし、夜なべ仕事も容易になった」「大正期に始まる都市の出生率の低下は、電灯の普及と少なくとも時期的には一致している。都市では夜の娯楽が増え、農村に比べてそもそも低かった出生率は、さらに低くなった」

また、『歴史的に見た日本の人口と家族』（縄田康光）によると、一九二〇年代前半まで自然出生率（一〇〇〇人あたりの出生数）はほぼ一五〇〜一七〇と江戸時代の農村と大差のない高水準で推移していたが、一九二五年（大正一四年）には一五〇を下回り、一九四〇年（昭和一五年）には九〇にまで低下している。

一方、当時のボリビアの自然出生率は一四〇を超えていたが、最近は一〇〇を下回っている（『ボリビアの歴史』ハーバート・S・クライン、創土社）。

ちなみに日本の最近の自然出生率は八以下である。

第4章 労働組合
ボリビアでは非正規雇用の期間工だって保護される。

脱線——「ちぇ、いつ動くんだよ」。豪雨や脱線があるとキャンプの前でも列車は何日か止まった。

労使交渉

ある日、労働者の代表で溶接工のビクトールがカルビモンテのところへやって来て、手紙を渡した。

カルビモンテはそれを精読してから後ろの席のぼくに渡した。ぼくはそれをざっと読み、後ろの席の今関に渡した。悪い知らせだった。

「えっ、組合なんか作れるのか」

社会主義革命を経た国では、法律により労働者の地位は日本よりもずっと保護されていることが多い。ボリビアもそうだった。非正規雇用の期間工でも、労働組合を作ることも、もちろん参加することもできるし、会社都合の解雇の場合は、給与の三カ月分の退職金を支払う必要があった（現代の日本の派遣社員こそが世界でもっとも保護されていない存在であろう）。

しかしありがちなことだが、鉱山労働者を中心とするボリビア労働者中央本部（ＣＯＢ）は権力が強くなり過ぎていた。内部腐敗もあった。だから、社会主義革命の旗手であった大統領のビクトル・パス・エステンソーロ（Victor paz Estenssoro）は、三〇年以上も前に自分が作った労働組合潰しにやっきになって、戦車まで出動させて弾圧するようになる。

長年ＣＯＢの指導者の地位にあるファン・レチン（Juan Lechin）は根っからの左翼で、毀誉褒貶の渦巻く伝説的な人物だった。以前は大統領パスの僚友であった。今は敵対するふたつの権力だった。

中南米に長くかかわってきたぼくは、例外はあるとしても労働組合は組合幹部のものだと思っている。企業内にオルグを入れ、組合を結成させ、労働者から組合費を徴収し、ストライキなどで企業に圧力をかけ、裏金を取る。労働者と企業の双方を搾取する団体として認識している。権力は腐敗するのだ。

サンタクルスにある労働組合本部から送られたオルグが労働者の中に混じっていた。ぼくたちは彼を試用期間中に解雇した。他に、過激な言動をする労働者も、早いうちに解雇してきた。

けれども抜き打ち的に組合が結成されたのである。これまでも労働者の代表と話合いはしていたが、これからは、彼らを組合幹部として認知する必要が生じた。組合用の部屋も用意しなければならなかった。

こうして工事前半期、ぼくの仕事は労使交渉時の通訳が最も重要なものとなった。交渉では立場の違う人間の論理と感情が激しくぶつかり合い、火花を散らし、熱を帯びた。

給与を二倍にしろ、安全靴を無料で支給しろ、部屋にテレビが欲しい、食事が油濃すぎてまずい。

頭の中でスペイン語と日本語が相いれない拒絶反応を起こす血液のように、がんがん音を立てて衝突した。自身の論理と感情を抑えて二つの言語を一時間、二時間と話すのは、辛い仕事だった。

宿舎で眠りについても、南風にあおられてばたんばたんと断続的に音を立てるトタン屋根に呼応するように、頭の中でも二つの言語と二つの主張がぶつかりあった。

似たような経験を学生時代にしたことを思い出した。東京で行われ今は亡きディエゴ・マラドーナがＭＶＰになった、一九七九年のサッカーのユース大会で、スペインチーム付きの通訳のアルバイトをした。そのとき、グループリーグで日本対スペインの試合があり、スペインチームの監督に日本チームの選手の特徴を聞かれたりした。左利きか右利きか足は速いかなどなど。それを伝えるのは、通訳の仕事とは思えず、適当にお茶を濁した。

自分は日本側かスペイン側か、あるいは大成日建側かボリビアの労働者側か、気持ちがどっちつかずになるときがあった。

もともとぼくは通訳のような仕事には馴染まなかった。一体、このぼくの唇と言葉は誰のものだろうか？　そう考えてしまう種類の人間だった。

しかも今関の話す日本語は、センテンスが長く早口でわかりにくかった。日本語の特性として、結論が最後にくるので、話が終わるまで聞く必要があった。

ただし、今関の基本姿勢は、前述したが「郷にいっては郷に従え」だった。だから組合側のもっともな要求は、譲歩するようになっていた。たとえば、振替休日による旅行休暇の取得と列車の無料乗車券の発行、村人への棺桶用の廃材支給、キャンプ内におけるフットサル競技場の建設など。

一方、組合の要求には首をかしげたくなるものも多々あった。他の外資系企業の水準に達している給与を二倍も上げるわけにはいかなかった。食事内容を改善しろといってきたが、その要求する内容は四つ星ホテルのフルコースだった。テレビなどあっても、電波が届かないから意味がなかった。

また組合委員長ビクトール個人と会社側総務部との軋轢(あつれき)もあった。彼は先住民の血の濃い三〇代前半のコーヤで、目の奥に権威に対する憎しみに近い何かを溜めていた。彼は「組合活動の一貫として、サンタクルスに行くのを有休にしてくれ。そのための無料の乗車券を出してくれ」というのである。総務部は「それは無理だ」として、いつも押し問答になった。

総務部にとって、ビクトールがオフィスに来るということは、揉め事を意味した。よけいな仕事が増えた。残業になった。ビクトール＝揉め事だった。

だからといって、ぼくはビクトールをはじめとする組合幹部に他意はもたなかった。立場が違い、役割を果たしているに過ぎない。それはそれ、あれはあれだ。職場や村では、彼らとも酒を酌み交わし、競技場ができたあとはいっしょにフットサルに興じていた。今、日記を読むと、どこどこで酒を飲んだという記述ばかりである。酒は主にビールだが、ボリビアのパセーニャはアンデスの水を使っていて実にうまかった。

新自由主義の実験

労使交渉の中心議題はもちろん賃上げだった。一〇〇%の水準での値上げを求めていた。交渉戦術もあったのだろうが、その要求は理不尽だった。押し問答が続いた。ハイパーインフレが継続している状態ならばもっともだった。赴任直後にぼくはスペイン人が経営する雑貨屋でサッカーシューズを購入したのだが、そのときは、ホチキスで閉じた三〇センチ厚の旧紙幣の札束を二つも持参した覚えがある。現地通貨に価値はなかった。

その後、ボリビアでは国際通貨基金や世界銀行が進めた構造調整プログラム（急進的なショック療法）が二万%を越えるハイパーインフレを退治しつつあった。民営化、緊縮財政、税制の見直し（売上税導入）、価格統制の撤廃、金利自由化、通貨切り下げ（百万分の一のデノミ＝百万ペソを一ボリビアノスとして新通貨発行。一ドルを一・九二ボリビアノスと定めた）、均一関税の採用と非関税障壁の撤廃など。その後三〇年にわたって世界経済の主流となる新自由主義の実験がこの小国のボリビアにおいてなされつつあった。

これらの政策で最も影響を受けたのは、鉱山公社（ＣＯＭＩＢＯＬ）の労働者だった。二万人以上が余剰労働者として解雇された。それに対する激しい抗議運動がラパス他の高地で起こり、政府は戦車を繰り出し、武力で抑えつけた。死者も出た。たびたび戒厳令も布かれ、夜間外出が禁じられた（もっともアマゾンの僻地にあるチョチスでは何の影響もなかったが）。

当時、マクロ経済を安定化するためには、打つ手は他になかったのかもしれない。実際、この政策は初めの何年かはうまく行ったのである。けれどもその政策をたった二週間ほどで作り上げたというハーバード大学出身の経済学者ジェフリー・サックス（米国人）は、今更ながら、「あの改革や政策は失敗だった。国内のことを知らずにやってしまった」と回顧している。このことは、留意すべきだろう。

ぼく自身帰国後、コンサルタントとして投資や援助関係のレポートに何の疑いもなく、「民営化」「経済の自由化」「規制の撤廃」などを金科玉条のごとく書いていた覚えがある。九二年ソ連の崩壊を見た西側諸国は勝利に沸きかえり、なんでも自由がよいというハイエクやフリードマンが持て囃された潮流の只中で自らを失っていたのである。

実際ぼくがボリビアを去ったあと、世銀とボリビア政府は水道さえ外資系企業により民営化しようとしたが、市民は反対運動を展開し、行き過ぎた新自由主義の流れを押しとどめた（コチャバンバの水紛争、一九九九〜二〇〇〇年）。経済は自由であるべきと思うが、水や電気のような公共材、医療、教育、労働はどこの国でも自由化するべきではない。

ある意味、当時のボリビアの状況は、ここしばらく改革、改革と叫んできた最近の日本の政治経済情勢とそっくりだったかもしれない。けれども、日本では労働運動はすでに骨抜きになっているので、ボリビアのような激しい抗議運動は生まれなかった。リストラされた労働者は転職、起業した。あるいは派遣労働に就いて不安定な生活を送った。自殺者数も第二次大戦後の近代の戦争の死者以上にずっと多く、一九九八〜二〇一一年まで年間三万人を越え、一四年間で中堅都市の人口が消失したことになる。こうして日本では中間層が没落していった。

すなわち、二〇〇一年の小泉内閣にて、歴史の皮肉な偶然というより、必然の符号（世界中の構造改革にはハーバード大学関係者が度々関与している）であろうが、ジェフリー・サックスに強く影響を受けた竹中平蔵が経済財政政策担当大臣、金融担当大臣に就いた時以来の政策により、企業と金持ちが必要以上に保護される国となり、貧者が増え、市場が縮小し、不況が常態化し、派遣社員の若者は結婚さえできない、世界で最も貧富の差のある国のひとつになったのである。

一方、ボリビアの解雇された鉱山労働者やその他の貧民の一部は、チャパレ地域へ移住し、コカを栽培するようになった。そのような家庭から二〇年後に出てきたのが、アイマラ族出身のボリビアの前大統領エボ・モラレス（Evo Morales）である。

さて、日本では、リストラ解雇された父親の家庭から首相が輩出されるだろうか？

工事は続く

労使交渉のない昼間には、仕事に余裕ができ、気分転換を兼ねてヘルメットをかぶり工事現場に出た。線路を歩いて行くと、強い陽射しが身体を打ちつけるように降ってきて、汗だくになった。

左手にチョチスの村、右手前方にビヤ樽をひっくり返したようなポルトンの直立する岩山、線路の左右にはラテライト質の赤茶けた土、その背後に熱帯雨林の雑多な植生が広がっていた。

線路を物資と人の運搬を担うモーターカーが行き来する。運転手が発する警笛には注意が必要だった。電車の運行時間は工事の都合により変えられていた。事故を避けるために、ＥＮＦＥとは頻繁に無線で交信していた。そのための要員は日本語とスペイン語を自由に操る若い二世の深浦ケンゴが担当した。

もっとも、工事とは無関係に、週に一度、多いときには二度、三度と夜中に列車がチョチス付近で脱線した。気温の差が激しい上に線路の保守監理が行き届かずに、線路が微妙に曲がっているのだ。そんなときは、大成建設の技術者たちが手弁当で列車の復旧を手伝った。脱線といっても日本のように列車が横倒しになることはない。文字どおり、線路から脱輪するだけ。脱線修復用の特殊な機械（巻末の「付録1　技術資料」参照）を使えば、簡単に列車は線路に戻った。

「あの脱線修復機械はすばらしいと思ったね。まあ、日本と違って脱線しても二〇キロ、三〇キロで走っているから、たいした事故にはならない。でも、あんまり頻繁なんで、あとのほうは知らんふりしはじめたけど」（工事担当柳沢）

曲がりくねった線路を二〇分ほど歩くと、ポルトンの岩山が眼前に迫ってくる。線路移設の現場に出た。一〇数人の人夫たちが線路を持ち上げようとしていた。一二メートル長のレールは五〇〇キロほどの重量があった。声をかけて持ち上げようとするが、地上からわずかに浮かび上がるだけだった。このような力仕事をするのはチョチスの労働者たちだった。

「奴らはよく働いたよ。純粋だったからね。チョチスの人間は。人夫頭のホアキンの手元が二〇人ぐらいで、一二メートルのレールを担いだんだから。日本人ではできないぐらいのことをやったんだから。ホアキンは村長でおれと同じ年だったな」（軌道責任者豊島）

一方、職人たちも予想以上にその技術は高かったようだ。

「型枠工も日本式のやり方にすぐに慣れたし、技術水準は日本の九割、八割はあったな」（工事責任者山岸）

ただ、クレーンのオペレーターだけは、不作だった。

「ボリビアはクレーンがないから、オペレーターに練習させて、一週間後にテストしたけど、最後までうまいのはいなかったね。何人も人を入れ替えたよ」（メカニック担当杉沢）

実際、パワーシャベルのオペレーターは乗車中昼寝をして、車両ごと崖を三メートル落下し、アーム部分を折ってしまったせいで、キャンプを一度脱走し、夜中に戻ってきたことがあった。

大成建設の技術者たちに聞くと、ケーソン（＝橋脚基礎を支えるための採掘）を堀り、暗渠を作り、軌道を作り、橋をかける、その工事じたいは、さほど難しい点はなかったという。難しかったのはチョチスの激しい風雨、陽射しの激しさ、資材輸入の困難、そして労働文化の違い、言葉の問題だっただろう。けれども言葉の面は、一世、二世の存在があり、緩和された。移民が多い中南米の国の業務は、ほかの国での事業と比べれば、より楽なのである。

一五日おきの給料日の翌日は、欠勤が目立つこともあったが、土工などに関しては、それは日本でも同じなのではなかろうか。

総務部のぼくの仕事は、最初は秘書のテレサを筆頭にぺちゃくちゃと私語が多く、手が動かないのが気になった。タイプも間違いが多く、何度も修正が必要だった。だがそのうち慣れてそれも見越して仕事を頼むようになった。

労使交渉の他に頭が痛いのは盗難だった。昼間は弁当を現場に支給するようになったのだが、アルミ製の弁当箱は配っても配っても、足りなかった。家で使うか、売却されたのである。だから買っても買っても切りがなかった。さらに、弁当につけるスプーンも頻繁に盗まれ、これも買っても買っても切りがなかった。

そこで昼と夕方に弁当箱の数を確認し、数が合わない場合は現場の管理責任者のボリビア人の世話役に注意を促した。スプーンは毎朝、労働者に配り、返却したかしないかをチェックするようにした。

山岸の記録によると、橋桁プレートさえ盗まれたとある。

さて、工事現場を一時間も歩かないうちに、ぼくは汗が目の中にまで入り込み、喉もからからで耐えがたくなってきた。ちょうど引き込み線に、オフィスに戻るモーターカーがエンジンをかけているところだった。手をあげて乗せてもらった。

運転手はサンタクルスから来ているリベーラという二〇代中ごろの白人系の優男（やさおとこ）だった。座席につくと、彼はいった。

「どうだい、チョチランディアには慣れたかい？」

都会人たちは、何もないチョチスを揶揄（やゆ）するようにチョチランディアと呼び始めていた。

変容する村

滞在二カ月前後から、ぼくは日誌に時々、「我々はこの村に責任があるのでは」という意味のことを書きつけている。

この人口が一〇〇〇人にも満たない、ボリビア人さえ知らなかった、誰にも見向きもされないアマゾン流域の最果ての小村に、日本人、その後ブラジル人（橋梁建設はブラジルの石川島播磨系列のイシブラスに依頼した）、ボリビアの各地の人間が集まり、最盛期は村人も含め工事に携る人間は三五〇人を超えた。

ユカイモを主食とする自給自足経済のような村に、突如貨幣経済が入り込んだのである。ディスコが一軒から二軒になり、酒場が一軒、二軒、三軒と開かれ、テレビでビデオを上映する店も出来、しまいには村のはずれに売春宿までできた。貧富の差が生じ、それに伴う盗難などが起こり始めたのである。

これは僻地の工事現場では、よくあることなのだろう。また、南米にこれまであった、ゴムブーム、胡椒ブーム、金ブームなど、期間限定の経済ブームの小規模版ともいえよう。あるいは地球の反対側でちょうどこのとき起こっていた日本のバブルとも似ている。

しかし、この工事じたいは日本の政府開発援助であり、鉄道建設が目的とはいえ、この村の変容には、何かしらの責任があるのでは。そして、貨幣は決して村人を幸福にはしないだろうという、漠然とした不安に駆られたのである。しかし、それはまるで自らを高みに立っていると錯覚した僭越な考えであったのかもしれない。

そんなときに、事件は起こった。

第5章 アマゾンに死す
死は祝祭だった。

死者を悼む――酔って線路で寝ていて、轢死したとのことだった。

列車で轢死

アマゾンの小村ではよく人が死んだ。仲良かった労働者の兄が列車から落下して死んだ。日系人の福原さんの息子が川で溺れ死んだ。乳児たちは簡単に死んだ。

ボリビアのエボ・モラレス前大統領は、自身の公式ホームページでこう語っている。

「兄弟は七人だったけど、そのうち三人が生き残った。他の兄弟は一歳か二歳で死んだ。それが農村に生きる家族や子供の宿命なんだ。半分以上は死ぬ。七人のうち、ぼくら三人は運よく生き残った」

実際、死の確率が飛躍的に上がると身に染みたことがある。日本への一時帰国のおり、ぼくはアメリカのお古の朽ちたようなジェット機に乗った。故障した右のエンジンを整備するために数時間離陸が遅れた。離陸後、二〇分ほどで飛行機はサンタクルスの空港へ引き返した。今度は左のエンジンが不調だったのである。眼下には、消防車と救急車が用意されていた。翌日乗った飛行機も同じ機だった。

運がよく、強い者だけが生き残る。死はいつでも身近なのだ。その身近な死にまつわる出来事のうち、鮮明に覚えているのはヘラルド・サラサの死だった。

この時期にしてはやけに暑い日だった。いつものとおり、朝六時半に食堂へ足を向けたが誰もいない。食事の用意もできていない。不審な思いでオフィスに顔を出すと、やはり誰もいない。勤務カードを出しに来る労働者もいない。

ふっと自分の机の上に、浅黄色の紙が置かれているのに気がついた。手に取ると、死亡証明書。村に常駐している医師のサインがあった。

死亡時刻は二三時四〇分、処方は無し。

その紙の横に写真つきの労働契約書があった。ヘラルド・サラサ、二七歳。試用期間中に解雇したうるさ型のリチャードといっしょによく歩いている男だった。

まもなくして普段は血色のよい今関が青白い顔をしてオフィスに入ってきた。何があったのかを聞いた。

「人が死んだんだよ、汽車に轢かれてね。ダンプの運ちゃんだよ。神父がいなかったんで尼僧を呼んで今朝三時頃まで仮のミサをやって大変だったんだよ。仕事は喪に服するということで、一〇時始まりだよ。ちょっと書いて掲示して」

酔っていてラピッドに跳ねられたというのだった。超のろのろの汽車に跳ねられたなんて、何か信じられなかった。

オフィスの外に出てみると、そこにはいつもと変わらない半分死んだように静かなチョチスの村が広がっていた。駅、野原、アドベ（日干し煉瓦）作りの家、ロバ、豚……そして線路。人が一人死んだぐらいで何が変わろうか。いや、ちょっとした異変があった。

行きつけの飲み屋とキャンプの中間点に位置する線路の周辺に、一〇〇人前後の労働者が集まっていた。職種ごとに分けられた様々な色のヘルメットが強い陽射しを照り返している。

何をやっているのだろうか？

少し高台になっている事務所から降りて行くと、労働者の群れから少し離れて総務部のフアンが立っていた。怒ったようにいった。

「いったいどこに行ってたんだよ。昨夜は？」

「寝ていたんだよ」

「よく起きてこなかったな。あんなにサイレンを鳴らしていたし、部屋のドアをがんがん叩いたのに」

ぼくは一度眠ると梃子（てこ）でも起きないたちだった。

「こっちはほとんど寝ていないんだよ。本当はどこへ行ってたんだ？」

「寝てたんだよ。本当だ。それより、なぜ事故死なんて」

「ラミーロ（酒場の名前）の帰りにやられたんだよ。即死だ」

「今日は一〇時から仕事だっていうけど。掲示をしなきゃいけないんだ」

「もう、みんなにそういってあるからいいよ。でも一日中喪に服したいらしいよ。ここじゃあ、それが普通だから」

「普通か……」

ぼくは、フアンとの話を打ち切り、労働者の輪の中へ入って行った。みな口々に勝手な風説を流していた。

「線路で寝ていたのさ」

「いや、一〇メートルぐらい吹っ飛ばされたっていうから、立小便をしていたときにやられたんだよ」

「列車はいつもより速かったとか」

「いや、遅かったって話だよ」

「運転士しか本当のことはわからないさ、運のいいことにね」

ぼそぼそとした低い声が発せられているのだった。それが熱帯雨林の朝の空気とあいまって厳か（おごそ）な雰囲気を醸（かも）し出していた。

まもなくキャンプの方向から二人の労働者が俄か作りの箱をもってやってきた。ばらばらに立っていた労働者たちが、その二人を中心に輪を作った。二人は、腰をかがめて素手でなにかを拾い集め始めた。よく見ると肉片だった。線路の周辺に散乱していたのだ。

　ぼくには人間のヘラルドの肉片が、まるでハムかソーセージのように見えた。気分が悪くならないばかりか、危うく笑い出しそうになってしまった。肉片を拾っている二人の腕に刻まれた兵役を終えた証明の刺青（いれずみ）が、この仕事に妙に似つかわしくも思われたし、黙禱して頭を垂れるか、胸の前で十字を切っている周りの労働者の深刻な表情が芝居じみたものに映った。そんな自分が恥ずかしく、笑うのを避けるためにも隣の人夫頭（にんぷがしら）の一人に話しかけた。

「で、今日はもう働かないのかい？」

「そりゃ、そうでさ。人が死んじまったんですから」

　その言葉を聞いて、労使交渉のときの、退職したリチャードの言葉が古い予言のように頭の中に甦ってきた。

「ビデオでも置いてくれれば、飲みに出かけんのですがね」

　そのうち、強い陽射しが、ヘルメットを被っていないぼくの頭を打ちつけ、外にいるのが耐え難くなってきた。

死を巡る確執

　事務所へと戻ると、オフィスの中央のソファに、労働組合長のビクトールと組合幹部のフリオ他が、今関と対峙して座り、ぼくが来るのを待っていた。ぼくは今関の隣に座った。

「一日喪に服したいんです。それがみんなの意見です」

ビクトールがいった。

「郷にいっては郷に従えっていうからな。でも仕事中の事故じゃないし。今のところは一〇時始まりっていっておいて。所長が起きてきてからはっきりするから」

そう通訳すると、彼らはみんなを納得させるのは難しいといった。

「でもね。こっちも朝の三時までミサをやったり、遺体をサンタクルスまで運んだり、棺桶をこしらえたり、やるだけのことはやっているんだから、そういって。でも一日中休んだほうがいいかなぁ」

今関の通訳は難しかった。早口だったし、最後の結論で、急に予想外の言葉が吐き出されることもあった。重要な問題については、今関は最終決定権を持っていないのだから、所長の考えを忖度する必要があった。もし、彼に決定権があるならば、休日としたに違いない。

ぼくは最後まで聞き取ってから、「こういっていいですね」と念を押して彼の言葉を通訳した。労働組合の幹部たちは、「それでは納得しないでしょうが、いうだけいってみますよ」といって席を立った。

所長の高瀬が一〇時少し前に事務所に入って来た。今関が労働者の意向を伝えたが、彼の返事は単刀直入で断固としたものだった。

「もう決めたんですから一〇時ですよ。仕事中の事故ではないんですから」

彼は無表情にそういって所長室に姿を消した。

この状況をうかがいながら、日系の移住組は神経質に事務所を出たり入ったりしていた。二世は不満を顔に浮かべ、強張（こわば）った顔つきをしていた。日本から来た人間は仕事に没頭しているか、しているフリをしていた。

事務所はキャプテンの決定に左右に揺れ動く船だった。

まもなくビクトールがぼくのところへやって来ていった。

「やっぱり、みんないうことを聞きませんよ。全員の意見は一日休むってことです。それを伝えにきました。これはもう決定だから」

何か高揚した面持ちだった。労働者たちが会社の指示に歯向かう決定を下したこと以上の高揚をぼくはそこに見た。

「ずいぶん、人が死んで、楽しそうだな」

「なに、ばかなこというな！」

その表情にはテレ笑いがあった。

退屈な小村にあって、死は祝祭なのだ。しかも想像するに自分は生き残ったという優越感に似たものを感じていたに違いない。

ビクトールはもうひとつ付け加えた。

「モーターカーを使わせてもらいたいんだけど。サンホセに司祭を迎えに行くんで」

モーターカーは大成・日建がＥＮＦＥに貸与された形になっていた。工事関係の車両なので、山岸の責任範疇だった。

ぼくはビクトールの希望を後の席の彼に伝えた。

「それは仕事に使うから無理だよ。もうミサは済んだんだし、個人的なことには使えんから」

会社の決定が一〇時から仕事なのだから、山岸はそう返答する以外になかった。

「そうですか」

ビクトールはあっさりと引き下がった。

一〇時を過ぎた。総務部のボリビア人と、日本人、日系人だけが事務所に出ていた。他に誰も働きに出て来ない。重苦しい雰囲気がオフィスに充満し始めた。

そのうち、山岸がキャンプ内だけで通じる電話の受話器にむかってがなり立てた。

「だいたいばかにしているよ。こっちの許可もなくモーターカーを出すなんて。いったいなんだと思っているんだ！」

彼は興奮した面持ちで所長室に入って行った。部屋から甲高い声が響いてきた。

「こっちの面目が立たんじゃないですか！」

所長室のドアが開いて、「ちょっと」と今関が呼ばれた。そして所長室は静かになった。

日本人が、働け！といくらいってもボリビア人の労働者は出てこないのだ。工事は休まざるを得ない。

そのうち、部屋から所長が出てきた。日本人と日系人は心の中にだけ自身の思いを秘めたまま上の空で書類に視線を向けていた。所長がオフィスを歩き回りながら「甘えているよ」とぼそりといった。それを移住組みの高橋が聞きとがめた。

「甘えているとかそんなことではなく宗教の問題ですよ、関係ないでしょ」

正答だった。彼は単刀直入に自身の言葉を吐き出すたちだった。だから、ぼくも仲があまりいいとはいえなかった。だが、彼のいうとおりだった。

高瀬所長は言い返さなかった。痛いところをつかれたに違いない。

高瀬とぼくはあるときサンタクルス郊外のドラード（鳩肉のからあげ）で有名な店でビールを飲みながら、たまたま宗教の話をしたことがあった。

若かったぼくは「無宗教だ」といった（今はそう思っていない）。京都の旧家出身の高瀬は、「それでは地獄に堕ちる」といった。彼は仏教徒を自認していた。

ＥＮＦＥとの契約条件書の労務にかかわる段「祝祭日および宗教上の慣習」にはこうある。

「請負者は、自己の雇用する労務者の取り扱いに当たって、社会的に認められているすべての祝祭日および宗教上またはその他の慣習に対して適切な考慮を払うものとする」

儚い命

後日、サンタクルスで、葬式が催された。それには大成・日建からは所長の判断で日本人は誰も出席しなかった。出席したのは、労務担当のカルビモンテだった。

そして、何日かしてサンタククルスから遺族がチョチスを訪れた。そのときは今関が応対した。

「黒い喪服を着て、兄弟やら家族がみんな来たんだよ。なにかもっと要求されると思ったけど、カルビモンテにいわれていたちょっとしたお金を包んで、それであっさり帰っていったよ。はじめはちょっと怖かったけど」

今関の言葉を聞いて、ぼくは学生時代にメキシコに留学していたときのことが甦ってきた。メキシコ湾に浮かぶカルメン島の密林の中を地元の親友が運転する車で走っていたときのことだった。その友はさりげなくいった。

「ここで子供を轢いたことがあってね。たいへんだったよ。あのときは。三万円払ってかたがついたけど」

メキシコ以上にこのチョチスでは命は軽かった。だからたとえば自殺なんかする価値さえない。死はいつも隣合わせにあった。

第6章 ストライキ 日本人は出て行け！ やるかやられるか！

ストライキ——給料あげろ！　カルビモンテをやめさせろ！　ストはやめないぞ。

日本人は出て行け！

マラドーナが活躍してアルゼンチンが優勝したワールドカップが終了してしばらくしてから、キャンプ内に念願のフットサル競技場が完成した。村の中にも、コンクリート製の観客席付きのりっぱな競技場があったが、それはあくまで村の持ち物だった。

さっそく職種別のチームが作られ、総当たりでリーグ戦が行われることになった。総務部でも「チュパティンタ」という名前のチームを作った。ぼく、フアン、ほかにボリビア人のエンジニアがフィールドプレーヤーに加わり、四〇代のマグネがキーパーとなった。監督はカルビモンテだ。フィリピン人のレンの得意なスポーツはバスケットなので選手には加わらなかった。

「チュパティンタ」は、労働者の中で恰好の敵役だった。労働者を解雇する集団なのだ。しかも途中から金にまかせて他のチームからこれはという選手を引き抜いて、前半二位につけた。一位は橋梁作業のために雇ったブラジルのイシブラスのチームだった。

ぼくはなぜかブラジル人、とりわけ黒人系の人間たちと波長があった。ブラジル人チームの黒人たちは、ぼくが試合に出るとさかんに応援してくれた。バケツを叩いてサンバを演奏して。サンバのリズムに乗ってサッカー！

高校時代から憧れていた夢が思いがけない場所で実現した。だがその実現は遅すぎた。毎夜酒浸りで、三〇代にさしかかった肉体は、良いアイディアがあってもそれを実行できなかった。試合前にはカルビモンテが「これを食え、疲労が違う」と正露丸のような黒い丸薬を持ってきてくれた。コカの葉を固めたものだった（コカインとコカはまったく別物）。しかしコカの効き目もなく、五分も走ればへとへとになった。

とりわけ平均年齢の低い食堂チームには、こてんぱんにやられた。ヘディングの競り合いでも負け、おまけに一〇代の青年と頭と頭を鉢合わせし、頭から血さえ噴き出した。タオルを巻いて試合を続けなければならなかった。結局、リーグ戦を通じて、一アシスト、一ゴール、一オウンゴールで、たいした活躍はできなかった。

だがフットサル大会は労働者にも村人にもぼくにとってもいい娯楽になった。もしも、もっと前にフットサル大会が始まっていたら、ヘラルドは酒場に行くこともなく、列車に轢かれて死ななかったかもしれない。

こうして、フットサル大会が佳境に入っているそんな時に、ことは急に起こった。

一〇月二八日の朝七時、事務所に出ると、外が騒々しい。現場の誰かから「石を投げている奴らがいるぞ」と無線が入ってきた。

抜き打ちストライキだ！

「とんでもない！　とめに行こう！」

今関がぼくにいい、さっそく二人で投石の現場へと走った。標的はコンクリート打設のための高台にのったミキサーとその周囲にいる労働者たちだ。同じ労働者が働くのをやめさせるために石を投げているのだった。

「ストップ、ストップ、パーレ！　やめろよ！」

ぼくらは英語、スペイン語、日本語で大声を出した。

石を投げられているそのなかには、豊島もいた。彼は日本人では最初にこの村の中に入り込み、キャンプを建て、しかも労働者にも技術を真摯に教えている人間だった。

「あれじゃ、前にいたナイジュリアのほうがましだね。労働者はすなおでよく働いたから。ほんとうに貧乏だったから。ボリビア人はへんなプライドがあるし、仕事をやめても自給自足で暮していけるからね。平気で裏切るんだよ。あんな石を投げられるようなことは最初で最後だね」（豊島）

ミキサーのそばにいた労働者たちは堪（たま）らず、足場から降りて仕事をやめた。投石はとまった。だが、すぐ手前で数人の労働者が切り廻し線を角材でロックアウトしている。

「だれがやっているかしっかり見てなきゃいけんぞ」

今関がいった。

占拠される

事務所に戻ると、「アルセのところに組合幹部が面会に行ってるようだ」と情報が入ってくる。さっそく今関とともに施主のENFEの現場所長のアルセのところへと出向く。アルセと会談をして戻ってくる、組合幹部たちのビクトール、フリオ、ミゲールとENFEの宿舎の前ですれちがった。

「投石しているやつらがいたぞ。暴力は許さんし、そいつらは解雇する」

「投石？　それはやめさせるよ」

「ストライキをするなら前もって言え！」

「サンタクルスから突然、指令が来たんだ」

サンタクルス出身のカンバのフリオとコチャバンバ出身のコーヤのビクトールは勝ち誇った高揚を顔に浮かべていた。隣町のロボレ出身のミゲールは少しすまなそうな顔つきである。

会議室で浅黒い顔でパンダのような優しい表情をしている太り気味のアルセと会った。彼は温厚なたちで、顔を曇らせながらも落ちついていた。ぼくたちを非難するよりも、そこにいない会社の弁護士の責任に言及した。

「こんなことになる前に、なぜ手を打たなかったのかな。弁護士は何度も労働監督局に出向かなきゃいけないよ。ストライキの情報を前もって察知しなきゃ」

そして彼はにやりと笑っていった。

「現実的な解決方法、ボリビア的な解決方法を使うようにしなきゃ、油をささなきゃいけんよ」

賄賂を使えという示唆だった。

しかし、大成建設は、けち臭かったともいえるが、ともかくクリーンだった。ぼくの知る限り賄賂を使うような真似はまったくなかった。その後ぼくはブラジル、ボリビア国境に何度も出向き資材の購買と輸入の職務にもつくのだが、資材の早急な通関と出発を依頼する駅長や税関の責任者には、せいぜい高関税で高価だったスコッチ系のウィスキーを贈るぐらいだった。国境の責任者は数年で家が建つといわれていたが……。果たして今関の判断は……「すぐに弁護士と打ち合わせに行きますよ」というものだった。

彼とカルビモンテが慌ただしくサンタクルスに発つことになった。カルビモンテは、前回の労使交渉の概要とストライキの状況についての要約をせっせと作り始めた。

労働者がいないので仕事ができずに手持ちぶさたになった高橋が、「きちんと労務管理をしてくれよ！」と総務部に向かって文句をいった。

「わかっているよ！」

ぼくは腹立たしげに答えて、キャンプの前に集まっている労働者の中に入ってみた。

チョチスの労働者がこう叫んでいた。

「いつだって辞めてやるよ。ボリビア人にはどこだって働くところがあるさ。日本人にはないけどね。ビルビル（サンタクルスの新しい空港の名前、フジタ工業が政府開発援助で建てた）で働いていた時には、安全靴だって作業着だってただでもらえたんだよ。一度だってストなんかなかったよ。それが同じ日本の会社で、ここじゃどうだい、いったい？」

ほかに給料を上げろとか、安全靴を支給しろとか口にしている者もいたが、労働者の多くは事前に知らされていなかったらしく、どうしていいのかわからずにぼうっと突っ立っていた。

誰かが「おい、女王様がきたぜ」という言葉を発した。

見ると、ストライキのことなど知らされていないプーラが村からゆっくりと歩いてきた。

これで彼女とも敵同士だ。

「日本人は出て行け！」

先ほど叫んだチョチスの人間がまた大声を張り上げた。

ぼくは、感情の捌け口を探して、事務所の前で挑発するように足をあげて、踊ってやった。すると、誰かが石を投げてきた。それが事務所の壁に当たった。

神経戦始まる

すぐに最悪の事態に備えることになった。山岸が発破の業者を呼んだ。ダイナマイトの保管の安全確認だった。ここ数週間は現場のあちらこちらから発破の音が聞こえていた。

「だいじょうぶですよ。すべて保管場所にありますから。鍵も隠してあります」

ボリビアには幸いペルーに存在したテロ組織のセンデロ・ルミノソやMRTAや最近のISもいなかった。その後一九九一年にはペルーでJICA派遣の農業技術の専門家三人が殺害され、その当時やはりJICAの仕事でペルーに行く予定であったぼくの行先が、急遽チリに変更されたことがあった。

さらに後年、ベネズエラで勤務していたときに、ぼくも中東で勤務していたことのあるエンジニアリング会社がアフリカでテロ被害にあった。派遣社員とプロパー社員の一〇名が命を落とした。帰国後、たまたま病気で勤務を回避し、命拾いをした人間から、直接話を聞く機会があった。「内通者がいたのさ。おおよそだれか見当がつく」

その企業は日本を含め三〇カ国前後の派遣社員を雇用していながら、ぼくの知る限りプロパー社員以外の人間を差別しがちだった。人を使い捨てのコマとしか見ない。そのような企業は他者の恨みをかう。テロというのは、どうしても防げない場合もあろうが、しかしそのリスクを極限に抑える思想や行動が必要だ。

午後、今関とカルビモンテがサンタクルスへと向かった。ストライキの状況は、今後のサンタクルスでの組合本部、会社、労働検査官との話合いに負うので、現場でできることは限られた。

一方、現場での交渉は山岸がサンタクルスの今関と相談をしながら行うことになった。このとき所長の高瀬は休暇で日本に行っていた。

そのうち、電気を切る、水源を断つ、などの情報が流れてきた。

「ラボラトリーの奴らに、ロボレの軍隊が来るぜっていったら、縮みあがっていたよ」

豊島がいった。ロボレにはボリビア軍東部地区の師団がある。

お互いに神経戦である。

工事現場もキャンプ内の主要な場所は労働者たちが占拠している。組合は、労働者を召集するたびにサイレンを鳴らす。ぼくは、フットサル競技場で集会をしている様子を日本側の宿舎から望遠レンズをつけて写した。中の一人が気付いて、大声をあげた。

ストは続く

翌日の一〇月二九日もストライキが続いている。

サンタクルスからの無線通信で、労働省がストライキ中止令を出したと情報が入る。組合幹部を呼び、無線室に入ってもらい、サンタクルスにいるカルビモンテに労働省の覚書を読み上げてもらう。それをマグネが筆記する。

「このとおり、ストライキは違法なので、スト中止しない限り、労働検査官も話し合いに応じない」と山岸が伝えるが、組合幹部はサンタクルスの本部から直接指令がこない限りストを解除しないという。

この日は午後から天が怒ったような物凄い雨となった。まるで雪国の吹雪のように、どしゃぶりに遮られ、二、三メートル先の視界さえきかない。誰も外へ出られないような雨である。赤褐色の裏山には数本の滝が流れ落ちている。今にも現場の土砂が流出しそうな勢いだ。

組合が独自の判断で現場にガードマンを送っている。アルセがモーターカーで各現場を巡回している。

組合幹部のミゲールがずぶぬれになって山岸に現場の様子を知らせに来た。工事現場は危うい状況のようだが、組合にすべて占拠されているので、なすすべはない。

午後六時になって、ストライキが続く限り、明後日の給与支払いは中止する旨を組合に伝えた。

翌三〇日、本来なら給料日だ。雨は上がった。だが肌寒い天候である。この日、サンタクルスから届いた労働省の覚書と、給与支払いなしの告示を壁に貼った。労働者数人がそれをくいいるように見つめている。

その告示の内容を聞いてやってきた組合幹部と話し合いを持つが、物別れに終わる。彼らの解答は「サンタクルスの本部からの指令を待つ」と前日と同じだ。

とりあえず労働者が急にストライキを中止した場合に備えて、密かにレンとマグネをロボレの銀行へモーターカーで向かわせた。

彼らを送り出すとき、倉庫と側線の間でフリオが演説しているのを目撃した。事務所から出て耳を澄ました。とぎれとぎれにその声が聞こえた。

「正義と権利は我々労働者側にある。カルビモンテが辞めるまでストは続けるぞ。給料がなんだ。ここにいる限り、金を使う必要はない。支払われなければみなどこにも行かないから、かえっていいじゃないか」

個人名が出てきたので、どういうわけかもっと聞き取ろうと倉庫の方向へ歩いていくが、ぼくに気付いた数人が大声をあげたので、歩みを止めた。昨日から労働者の中には棍棒をもって得意気に歩いている者がいる。

午後にレンとマグネが戻ってくる。組合がキャンプの門に立てた警備員に見られてしまう。もしかしたら、金をとりに行ったのを気付かれたかもしれない。用意できた金額は労働者各人に一律五〇ボリビアノス分である。

さっそく事務所で金を図面入れの筒とナップザックに移し変え、ぼくと製図係のパブロの二人で、鉄道コンサルタント会社のＪＡＲＴＳへ持っていき、金庫に保管してもらう。何人かの労働者と出会ったが誰も金を運搬しているとは思わなかったようだ。

この日も仕事はないが、フットサルの試合だけは予定どおりに行われた。仕事よりもサッカーが大事なのは、この十年後に起こったペルーの日本大使公邸占拠事件と同じだ。テロリストのＭＲＴＡは、フットサルをしているときに軍の攻撃を受け、全滅する。ところがここのフットサルの試合では、以前述べたように、コテンパンにやられたのは、我々チュパティンタのほうだった。わがチームは時節がら、いっそう悪役である。

三一日、ストライキも四日目に入る。労働者側にも中だるみの状況が見てとれる。なにもやることのない村では、仕事がなければ飽きてしまう。組合側が「食料がつきた」と報告にきた機会に話し合いをもった。

組合　もう砂糖もなにもない。

山岸　砂糖ぐらいいやろう。食料は今日ミクスト（貨車と客車の混合列車）で来る予定だ。ディーゼルが今朝ついた。荷卸は手伝ってくれるか？

組合　組合から手元を数人出す。

山岸　電気や水路を断つとか、暴力沙汰はこまる。もしあった場合は、ここは軍隊のあるロボレが近い。

組合　そのようなことはない。会社側への敬意は一度も失ってはいない。

ディーゼルを降ろさせる手配に行ったついでに労働者側の食堂に顔を出してみた。組合幹部ほか数名がラジカセの音楽を聞いて、椅子に寝転がってぐったりとしている。顔見知りに話しかけた。

「当分、ストは続きそうだな」

「こっちの要求が通るまでね」

「でもこのストは作戦的に失敗だよ。労働検査官が現場を見に来るのを待って行うほうがよかったのに。なにも違法ストをやって心象を悪くする必要はなかったさ。君らは経験がなさすぎるよ」

話しているうちに周りでごろごろしていた労働者もぞろぞろと集まってくる。

「それに、君らは組合本部に利用されているだけだよ。彼らはいつでもストライキを探しているのさ。他の南米と同じさ、突然ストライキ中止命令を出すよ。その裏には何があるかわかるだろう」

「いや、ここはボリビアだよ。別だ」

「同じだよ。じゃあ聞くが、この国じゃ誰がコカインで儲けているんだよ?」

その問いに対して彼らはなにも答えず口をつぐんだ。

いつのまにか組合幹部のフリオも来ている。

「君は通訳なんだから、労働者の意見を会社側に伝えてくれよ。カルビモンテがいる限りストは続くよ」

「なぜカルビモンテなんだ?」

「役に立たんからさ。悪だしね。会社にだってためにならないよ」

この国でも軍隊は嫌われていた。軍隊による度重なるクーデターと鉱山労働者への弾圧が繰り返されてきたのだから。軍隊はほかの南米と同様に、他国との戦争ではなく、内向きの治安維持や反共の装置としてあった。しかもカルビモンテは元国境警備隊の司令官だったのだから、当然労働者に対して命令調になる。ロボレの軍との繋がりも想像される。

ぼくはそこで話を打ち切り、事務所に戻った。

このとき、食堂に行ったおかげで、組合の権威的な体質がわかった。食堂には外出ノートがあって、朝の七時から一六時まで、外出は組合側の同意が必要になっていた。木刀を持っている人間は、組合側の監視役でストから脱落する裏切り者には一撃が待っているという寸法だ。ぼくが労働者の立場ならば、このやり方にはとってもついていけそうもない。

いつまでストライキは続くのだろうか？

ストライキ中止

昼少し前に突然サンタクルスから、組合本部が午後二時に無条件でストライキを中止する命令を出したという連絡が入った。予定どおり、給与は全員に一律五〇ペソだけ支払うことに決めた。レンとファンがそのための用意を始める。

組合側にも指令が行くというので、彼らが来るのを待つ。幹部たちは一一時半ごろに事務所に現われた。

山岸　何の用かな？

組合　給与を支払ってくれればストライキを中止する。

山岸　告知したように会社に支払い義務はない。でも死者の日（お盆にあたる）だし、特別に一律五〇ペソ支払おう。残りは来週月曜日だ。

組合　いや全額もらいたい。

山岸　現金じたいがない。それに本部は無条件の中止を命令しているけど。

組合　サンタクルスはサンタクルス、現場は現場で決める。
山岸　それはおかしい。ストライキ決定はサンタクルスの指令ならば、終了もそれに従うのが筋じゃないか。
組合　いやストは現場で決めた。それに告知には「ストライキを中止すれば支払う」とある。

案の定、文面が問題になった。いつまでにという日付がないというのである。ぼくのミスだった。告知文をつくるときに、マグネに文面を見てもらったところ、彼が日付は入れなくてもいいと言い張ったからであった。ネイティブの人間がそこまで言うならばと思い、そのとおりに文章を作ったのだが、後悔先に立たず。文章に関する限りは、それがスペイン語だろうが英語だろうが、語学の専門家のぼくのほうが上なのだ。その後は重要な文章であればあるほど、自身の判断で文面は作ることにした。
しかし、告知日の日付が前日になっているので、その日の意味だと強弁し、
山岸　ともかく現金が足りないのだからしょうもない。支払えない。
組合　労働者に会社側の提案をいってみる。

昼過ぎに宿舎で寝ているとフリオに起され、もう一度話し合いたいという。だが両者とも同じ主張なので物別れに終わる。
午後二時二〇分、労働者がぞろぞろと事務所の前に集まり始めた。給与支払いを要求し

ている。外に出てみると、組合幹部は誰もいない。

「給与支払え！」

数人がシュプレヒコールをあげる。一人顔を赤くした酔っ払いがいて、ぼくを蹴飛ばそうとするが、危うくよける。こいつ、解雇してやろう、と思う。

まもなく組合幹部が事務所に来て情けないことをいう。

組合　説得に応じない。全額欲しいということだ。会社側で説得してくれないか。

山岸　それはおかしい。君らは代表だ。スト開始時には説得できて終了時には説得できないのか。それではまったく役に立たないではないか。

組合　ともかく信じてくれない。どうにかしなくては。これからロボレの銀行に行ってはどうか？

山岸　もう閉まっている。

組合　担当者を捜してどうにかしたらどうか。

山岸　もう二時半だ。間に合わない。それに担当者など捜しても見つけることはできないだろう。

携帯電話などない時代だった。それどころか、無線通信以外、固定電話もこのアマゾンにはなかった。

会社側と組合幹部の間でしばらく重苦しい沈黙が続いた。外では労働者のざわめきとシュプレヒコールが続く。

山岸　会社側で新たな告示をしよう。すぐに出す。
組合　よし、わかった。こちらでももう一度話し合ってみる。ひとこと言い忘れたが、カルビモンテが辞めなくてはストライキを解除しないといっている。
山岸　なぜ、彼が辞めなくてはならないのか。
組合　理由があるからだ。会社にだってためにならない。
山岸　理由とはなにか？
組合　理由があるからだ。
山岸　だから理由とはなにか？
組合　自分の職務を果たさないこと、労働者に対する敬意が足りないこと、この二つだ。ここは軍隊ではない。

後から知ったが、大成建設社員の中には豊島のような脅しではなく、ロボレの軍隊を呼んでくれと山岸に頼んでいた者もいた。紛争地の援助や投資事業では、人の移動にも前後を軍の装甲車や車両で守られている場合がある。けれどもこの程度のストライキでは過剰防衛だろう。もしそうしていたら、ＯＤＡの汚点となっただろうし、村人や労働者と会社との信頼関係を大きく損ねていたに違いない。

山岸　人を簡単に辞めさせるようなことはできない。それは正義にもとる。
組合　労働者は簡単に辞めさせているではないか。
山岸　それは試用期間の三カ月以内で、労働契約を結んでいないからだ。

組合　彼の契約はいつまでか。

山岸　工事終了までだ。ともかくそのような事実は会社側は把握していない。事実関係だけでも調べてみる。

組合　わかった。では掲示を待つ。

一律五〇ペソを支払う趣旨の掲示の文面を急いで書き始めていると、再び幹部たちが入ってくる。急に態度を変えて、サンタクルスの人間三五人、チョチスの人間八人のリストを持参し、彼らに全額支払えばいい、それでストライキを解除するという。

彼らはそわそわといそいでいる。列車の時刻に間に合わせたいのだろう。結局、サンタクルスに帰る人間を中心に支払うということだ。

山岸　では彼らに支払う。仕事場をブロックしていた角材を整頓し、仕事が開始できるようにしておいてくれ。

組合　わかった。きちんとしておく。これでストライキは終了だ。

山岸の工事事情の記述にはこうある。

「ストライキ率の増大に伴い賃上げ要求のストライキが各地で続発した。国内で年間五〇〇件以上発生すると言われ、毎日どこかで一件以上発生している状態であった。ストライキはゼネストの状態で飛行機、バス、タクシーなどの交通機関を始めすべてのものがストップした。ストライキの時はラパスやサンタクルス市内より郊外への出入り口が閉鎖されるため、自家用車であっても移動は不可能であった。ボリビアからの出国時、及び入国時、ストに三回程出会い、予定を延長しホテルに滞在せざるを得ないこともあった」

第7章

解雇の時

援助の現場はきれいごとでは済まされない。

我らがフットサルチーム——金にあかせて選手を引き抜いたが、食堂チームに大敗。ブラジル・イシブラスチームが優勝した。

わざと殴られる

労働検査官の裁定で、一五パーセント給与が上がることになった。痛みわけのような感じだが、ぼくには不満だった。投石したり、ぼくを蹴飛ばそうとした者たちに鉄槌を下したかった。要求すれば労働者の思惑どおりになると彼らが感じているような気がした。何をやっても許されると思っているかもしれない。そうなれば、労務の仕事はとてもやりにくくなるだろう。

月曜日、ちょうどいい機会が巡ってきた。

食堂を管理するイトウさんから「労働者側のレストランでガードマンが酔っ払って騒いでいる」という報告が入った。

早足に行ってみると、背の高いひょろっとしたガードマンが酔っ払って何やらわめいている。彼らは総務部に属するので経営者側で、ストライキに参加できなかったのでストレスが溜まっているのかもしれない。だがガードマンが酔っているのでは、まったくお話にならない。小柄なもう一人のガードマンは、どうすればいいのかわからないようにぼうっと突っ立っていた。

「おまえ、何をやっているんだ。この場から去れ、許さんぞ！」

大声で怒鳴った。その挑発に彼は呂律が回らない様子でわめきかえしてきた。そして、拳を握ってぼくのほうへふらふらと歩いてきた。

たまたま組合委員長のビクトールが二〇メートルほど離れて誰かと話していた。彼はこちらを見ている。

絶好の機会だった。いい考えが閃（ひらめ）いたのである。

酔っ払いとの間合いを図って、ぼくはわざと酔っ払いの前へ足を踏み出した。酔っ払いの弱々しい拳が飛んできて、顔に当たった。ぼくはサッカーのシミュレーションのように大声を出して大袈裟に倒れた。もう一人のガードマンが抱き起こしてくれた。

ぼくはビクトールに向かっていった。

「見たな、今、殴ったの！」

ぼくを殴ったガードマンはぼくを殴って一気に酔いが醒めたのか、驚いたように突っ立っていた。

昼飯の時間に、杉沢が「おう、殴られていたじゃないか、どうしたんだよ」といった。もちろんわざと殴られたとはいわなかった。

即刻そのガードマンは解雇となった。

そして、そのような行為は懲戒解雇とするという掲示をその日のうちに壁に貼った。

ぼくは一本取った気がした。意図的で、ある意味狡猾な見せしめだった。

トップから切り崩せ！

職場で酔っぱらっているガードマンは解雇されて当然で論外であろう。だが、組合幹部だ、あるいは労働条件に口うるさいというだけで人は解雇に値するだろうか？

労務管理の部門からいえば、イエスである。仕事が増え、うっとうしいのだ。周りの労働者への悪影響もある。そのような人間をいかに解雇していくか。それがアマゾンで労務管理にも携わっているぼくに課せられた命題でもあった。

つまり、ぼくは今関から組合委員長のビクトールを解雇するための任務を負った。しかも、会社都合の強制退職ではなく、自己都合による退職とする必要があった。ボリビアは、日本以上に労働者が保護されていて、会社都合解雇では、のちにあれこれ労働組合から難癖をつけられる可能性があった。ならば、いかにして、彼に自己都合で辞めることにイエスと言わせるか？

しょせん、リストラ解雇はお金と気持ちの問題に収斂（しゅうれん）する。今回金・裏金は用意できる。残るは、ビクトールの気持ちだ。人間相手なのだから、他者の気持ちに敏感になることが、このような汚れ役には必要だろう。

そこで、ビクトールは、どんな思いを抱えて職場で仕事をし、そして労働組合運動を指導しているのか、彼をとりまく環境を考えてみた。

労働組合運動に労働者は飽き始めていた。フットサルのほうが大事だった。彼は組合委員長だが、その妥協を許さない性格もあって孤立していた。仕事よりも、組合活動に時間を割かれ、残業代を得ることができなかった。彼の給与が四〇〇ドル前後だとして、早朝から夜まで突貫工事が続いて、彼と同じ溶接工は少なくとも二〇〇ドルほどの残業代を得ていた。

さらに、大成建設の社員の今関ではなく、このぼくが彼と話すことの意味を考えてみた。ぼくは派遣社員としていずれは解雇される身分だった。彼と立ち位置は同じだ。期間工でしかない。派遣社員が労働組合委員長を解雇するのだ。

こうして、彼が直面している現実と二人の関係性からビクトールをいかに解雇するか、どのように話の流れを作っていくか何度かシミュレーションしてみた。それは小説のプロットや犯罪の計画を立てるような知的な刺激さえあった。解雇するほうも辛いという人間がいるが、するほうは攻撃的であり、されるほうは受け身で、ときに卑怯な不意打ちなのだから、圧倒的に辛いのは解雇されるほうなのだ。

しばらくして、ぼくが解雇の時に選んだのは、食で肉体と心を満たしているとき、すなわち、ある鉄橋の完成の祝いの席だった。難しい話は、食で肉体と心を満たしているときに限る。

キャンプの前には草木の中から、香ばしい匂いを伴う白い煙が上がっていた。労働者たちが、その煙の周りを囲んで、肉に舌鼓をうっていた。

ぼくは固い牛肉には見向きもせずに、塩をふった香ばしいタトゥー（＝アルマジロ。甲羅が刺青のようなのでそう呼ばれる）の蒸し焼きをビールとともに堪能したあとで、組合委員長のビクトールの姿を捜していた。彼は労働者たちの輪から少し離れて、一人で紙コップと皿を持って肉をほおばっていた。ぼくは背後から密かに近づき、唐突に肩を叩いていった。

「ビクトール、ちょっと個人的に話したいんだけどな」

彼は不意打ちにぴくりと身体を震わせて、振り返った。だが、彼はこのような時を薄々予感していたのかもしれない。ぼくの顔を見て頷いた。

「いいよ。どこで？」

「ぼくの部屋に行こう」

「君の部屋か」

彼は少し顔を曇らせた。他の労働者に見咎(みとが)められるのを心配しているに違いなかった。総務部の人間と組合委員長の組み合わせは何かしら疑惑を生む。

「だいじょうぶだよ。みんな焼き肉に気を取られているから」

彼は一〇メートルほど先の労働者の輪を見て、頷いた。

ぼくたちは連れだって日本人の宿舎の中へ入った。みな出払っていて人影はなかった。ビクトールは安心したようだった。左端から二番目のぼくの部屋へ彼を誘った。中へ入り、窓のカーテンを閉め、蛍光灯をつけ、座るように促した。彼は机の前の椅子に座りぼくはベッドに腰を落ちつけた。

「ちょっとビールをくれ」

ビクトールがいった。ぼくは三分の一ほど飲んだビールの瓶を持っていた。彼のコップにビールを注ぎ、ぼくも残っていたコップのビールを飲んだ。二人だけで差し向かいで話すのは初めてのことだった。

ぼくは頭の中で何度もシミュレーションしていたくせに、どう口火を切っていいのか少し迷った。その迷いは、解雇が彼の人生に与える影響と、それが引き起こす彼の反応についての恐れに起因していたのだろう。けれども、やはり予定どおり、まずは、ぼくと彼は同じ共通の地平に立っていることを確認させた。

「まあ、仕事の話で悪いけどね、いやその前にいっておこう、ぼくはこの会社の人間じゃないんだよ。このプロジェクトが終わったら、契約終了で、どこかで仕事を探さなきゃいけないんだ」

「えっ、君は大成建設の人間じゃないのかい？」

「ああ、このプロジェクトだけさ」

ボリビア人たちは誰もがぼくが大成建設の社員だと考えていたようだ。ぼくの身分を知って、いっそう彼は安心したようで、すぐに核心に迫る質問をしてきた。

「じゃあ、君はどう思う？　労働者の給与は高いかい」

「いや、低いよ。まったく」

ぼくはとりあえず彼に同調することにした。けれども、核心をついてきたとはいえ、いまだ建前論をいっている彼にはがっかりした。労働者全員の話をしているのではない。ぼくは付け加えた。

「まあ、他はいいとして、君はとくに低いね」

「ああ、低いよ、まったくだ」

「いったい、どうするんだよ。君だって子供がいるだろう」

「ああ」

「何人だい？」

「三人さ」

「この給与じゃやっていけないだろう」

「ああ」

「君は労働者のために一生懸命やっているのはわかるが、彼らは何も理解しやしないよ」

「そのとおりさ」

シミュレーションどおりの筋書きだった。ぼくは畳み掛けるようにいった。

「で、君は一体何を得た？　ゼロだよ。君以外の人間は給与の値上げを得た。組合本部や労働検査官は、君に、つまりチョチスの労働組合に何か問題を起こしてもらいたいのさ。金を儲ける口実のためにね。調停のときに、何があるかはわかるだろう。でも、君は何も得やしないよ。いずれにしろ仕事はあと一〇カ月で終わるんだよ。その間、君はチョチスとサンタクルスを行ったり来たりするだけだ」

「何をいいたいんだい？」

彼の目が少し曇った。

「はっきりいおう。会社は君に辞めてもらいたいのさ。つまり金と引き替えってことだよ」

やっと話を理解したようだった。

「うん、まあそれはそうかもね。今関さんもそういっていたけど。でも、この話は他に誰も知らないんだろうな」

「ああ、今、知っているのはぼくだけさ」

「そうか、金額によるよ。会社都合ということでいいよ」

彼は、自身の立場に嫌気がさしていたのか、実にあっさりしていた。金の要求も会社都合退職の基本給の三倍だけを要求してきた。ぼくにはもっと支払う準備があったのに。

「いや、それはまずいよ。のちのち問題が起きるからね。自主退職として、それ以外の会社都合分のお金は別に支払うよ」

「いや、どちらでもいい。会社都合だろうが、自主だろうが、金額によるよ。それから、この話は二人きりだぜ、他に誰が？」

予想外だった。総務部の我々以上に彼はこの密談が外に漏れることを危惧していた。労働者を裏切ってとんずらしたと思われたくなかったのだろう。もしかしたら、つるし上げに遭うとか、暴力の被害まで心配していたのかもしれない。

「大まかに知っているのは今関だけさ」

　彼の指示は、解雇してくれというだけだった。もちろん、言わずもがなで、お金はそれなりに支払ってもいいという共通認識があった。このとき、今関はほかの用事でサンタクルスに出張していた。

「オーケー、三人だけの秘密だよ。でも、会社を辞めないで、組合委員長を辞めてもいいけど」

　彼が委員長という地位に煩わされているのは明らかだった。ぼくは強い調子でいった。解雇こそが目的なのだ。

「それはだめだ！　現実的なのは君が辞めることだ！」

「つまり、会社はぼくにいてほしくないと」

「そのとおりだよ。はっきりいって、君の顔なんか見たくないのさ。いつもいつも争い事だらけだからね」

「どこにでも争い事はあるよ。でも、まあわかった。金額次第で辞めようじゃないか。この話は絶対三人だけの秘密だ。カルビモンテやレンには内緒だよ」

　彼はボリビア人やフィリピン人よりも日本人のほうを信頼していた。

「もちろんさ、今関がサンタクルスから帰ってきたら話してみるよ」

「わかった」

「今関さんが帰ってきたらまた会おう」

ぼくたちは部屋を出て、再び焼き肉パーティに参加した。予想外にあっさり話が決まったので、拍子抜けしてしまった。ごねれば会社はもっと金を出したのにと幾分残念にさえ思った。

けれどもビクトールも引き際だったと考えたのだろう。常用雇用の職員とは違う。どうせ期間が限られているならば、少し大目に退職金を得て、報われない労働組合の委員長という地位を投げ出して新たな仕事を探したほうが、合理的だった。

数日後、戻ってきた今関に話すと、彼もぼくと同じ思いを抱いて、「えぇ、それでいいって。随分、あっさりしているな」といった。

こうして組合委員長が会社を辞めることになり、他の組合幹部他の解雇は随分と楽になった。仕事の進捗と必要度、それぞれの技量や職務態度を評価し、解雇リストを作った。早朝に労働者が勤務カードを持参したときに、退職リストにサインさせた。その中でも煩さがたの労働者だけがぼくの担当だった。組合の副委員長格のフリオもその中に入っていた。朝、彼が来たとき、そのリストを見せ、サインを求めた。彼はえっという顔つきをした。

「もう、いずれにしろ、あと数カ月だよ、見ろよ」

ぼくはビクトールの辞職承諾のサインを示した。

「えっ、ビクトールも辞めるのか」

彼は驚きの声をあげ、ならばしかたがないという風にあっさりサインしたのだった。彼とは時折いっしょに酒を酌み交わしたこともあった。けれども、あれこれ要求が多い男だった。

フリオがサインしたことを今関にいうと、「すごいな、みんな君のいうとおりじゃないか」といい、隣の山岸も「ほう、あんた、日本でもうちの組合対策をやらしたいくらいだよ」と世辞をいった。

若かったぼくは幾分得意げな気分でもあったが、複雑な気持ちでもあった。あと数カ月すればこのぼくも期間工として解雇される身分なのだ。その上、ぼくは日本でサラリーマンをしているときは、どちらかというと組合委員長やフリオと似たような存在だった。この以前も、その後も、決して企業の論理や文化に沿わない人間だった。とりわけ長時間労働は命を擦り減らすとして、決して認めなかった。サービス残業などもっての他だ。扱いにくい社員という意味では、彼らと同じだった。この一二年後に日本の企業で早々リストラ解雇の対象となり、その後、ある夕刊紙のコラム「大リストラ時代を生きる」の執筆陣に加わったのは、当然の成り行きだったのかもしれない。

いずれにしろ、ここチョチスでは次々と橋梁が完成していき、最盛期三五〇人いた労働者は二〇〇人になり、一〇〇人になり、激減していった。その頃から、村の雰囲気が荒れ始めた。

第8章 コカインを取り締まる
コカは黒く、コカインは白い。

コカの葉を摘む——ユンガス地方の農民。野菜を栽培した農家は大損した。

コカイン経済

日本にいると他人事だが、コカイン他の麻薬経済は、アメリカ市場だけでも一五兆円だというのだから、世界規模ではその何倍かである。その売買益の多くはテロ組織の資金源にもなるのだから、穏やかではない。

アマゾン滞在時もボリビア、コロンビア、ペルーなどの国々は国家経済の裏の部分をコカインが担っていた。ペルーに関しては、以前フジモリ元大統領が厳しい対処で麻薬組織を撲滅したという噂があったが、コカ葉の生産量は依然世界一のようである。

コカの生産は零細農民にとっては、死活的な生活基盤のひとつだ。援助機関などがコカインからほかの換金作物への転換を図ろうとしてもなかなかうまくいかない。ぼくのボリビア滞在中もコカ畑を整理してほかの野菜などを生産した農民たちは、値崩れからほとんど収入が得られず、大きな損失を蒙ったことがあった。一方、コカの生産を続けた者は、生活に困ることはなかったのである。

精製工場についていうと、一九八〇年代後半は、コロンビアやペルーでは取締りが厳しくなっているので、むしろボリビアとブラジルの国境の熱帯雨林の中に移転し始めていた。そこはパンタナル大湿原への入り口の街、コルンバ周辺であった。ブラジルのサンパウロや南部のサンタ・カタリーナなどから冒険を求めてか、コカインを求めてか、少年少女が多く集まり、若いのにジャンキーになっている者もいた。コカインの入手も比較的簡単だった。

精製されたものは、日本では末端価格、キロ五〇〇〇万円にもなる。南米の生産地価格からすると多分数百倍であろう。ボリビアのサンタクルスの街にもコカイン御殿といわれる豪邸が集まっている地域が存在していた。

サンタクルスの街中を歩いていたり、公園でぼーとしていると、時々悪の道に誘われた。いわく、日本市場への手がかりが得られるかもしれないという期待を持っていたのだろう。いわく、「私は航空会社を興したけど、君もいっしょにやらないか、すぐに社長になれるよ」とか、「ちょっとアメリカまで持っていってもらえばいいんだよ。日本人なら疑われないだろう。しかも援助の仕事についているなら」とか。

もし南米の都市の貧民として生まれていたなら、ぼくの軽率で好奇心の強い性格からして、その誘惑に抗し切れなかっただろう。多分、一気に勝負をかけ、一度は財産を作ったに違いない。しかしその後、コカインマフィアの抗争に巻き込まれて、銃弾の蜂の巣になるのがオチである。一時の絶頂を味わう短き人生というわけだ。

その反対にコカインの売買を取り締まることになるとは思ってもいなかった。

よぼよぼ保安官

このチョチスの村にもピチカテーロ（売人）が村に来ているらしい。そういう噂が広まり始めていた。

さっそくぼくは保安官といっしょに村を見回ることになった。といってもテレビに出てくる刑事のように捜査するわけではない。ただ、保安官とぼくが麻薬の取締りをしているという噂が広まり、売人がいなくなり、労働者がコカインを吸わなくなればいいのである。

売人は、キャンプに三〇〇人以上の人間が、単調な村の生活と激務のストレスに晒されていることに目をつけたのだろう。いずれにしろ、こんな辺鄙（へんぴ）な村にまで出稼ぎにくるのだから、都会で食いはぐれたケチな売人であることは想像に難くない。あるいは労働者のなかに友人がいるので、遊びがてら旅費をかせごうという魂胆だったのかもしれない。

労働者が読む掲示板には、警告書を貼った。

人事・総務部
麻薬に係ったり、それを吸引したものは、即刻解雇される。それだけではなく犯罪行為として摘発されることになる。

ここでいう麻薬は無論コカインで、禁じているのは、精製された白い粉を鼻から吸い込む行為である。コカの葉を丸薬のように固めたものは、とくに麻薬とは考えていない。ぼくもフットサルの試合前は何度か噛んだものだった。先住民たちは、空腹や疲労をそれで癒してきたのである。コカ自体はインカ帝国も住民に配給していた。

しかし精製された白い粉となると、話は別だ。脈拍や心拍をコントロールする脳の中枢機能を破壊する。大量の吸引はショック死にも繋がるし、実際欧米の旅行者がラパスのホテルの一室で死んでいることが度々あった。鼻腔から吸うので、鼻から頭蓋骨にかけての骨が溶けるなどといわれている。ジャンキーになる可能性も高い。

久々に仕事ができた保安官は、見るからに張りきっていた。

彼が働いたのは、一年ほど前に会社のガスボンベが盗難にあったときだった。どうやってか、彼はその犯人を捕まえたのである。それ以来ぼくは彼と友人になった。

保安官といっても、アメリカ映画に出てくるワイアット・アープなんかを想像してはいけない。記章なんかつけていないし、普段は着古したワイシャツを着て、よりよれのズボンをはいている、もう六〇歳を過ぎたひょろひょろに痩せた老人である。

ちなみにスペイン語で保安官をコレヒドールという。村の組織図（左ページの図参照）では最上位にあり地方行政官と訳してもよさそうだが、チョチスのコレヒドールは保安官と呼んだほうがふさわしかった。コレヒドールはコレヒール、すなわち矯正するという意味

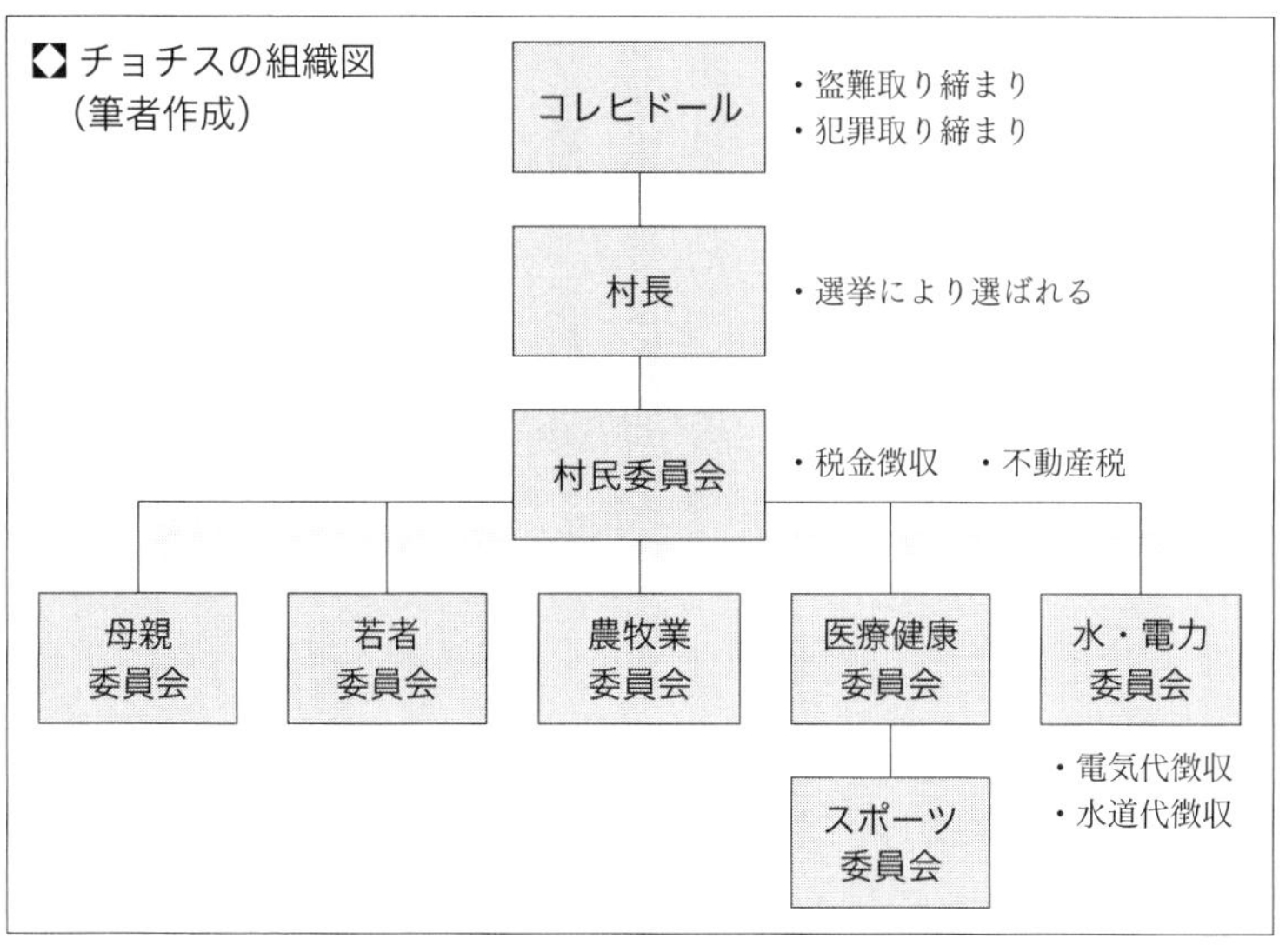

を持つ動詞の名詞形である。第二次世界大戦のフィリピンの激戦地コレヒドール島もこのスペイン語に由来している。その島はかつて外国船の入国管理が行われていた地なのである。南米では、スペイン統治時代のコレヒドールは悪代官よろしくはなはだ評判がよくなかった。しかしぼくの友人は気のいい老人だった。ぼくは苗字も名前も覚えずに、彼をコレヒドールと呼んでいた。

サンタクルスで学んでいる彼の娘二人はとびきり美人だったこともあり、保安官の家には時折遊びに行った。彼は、ぼくが彼の娘が目当てで訪れているのを知ってか知らずか、酔うと必ずいったものだ。

「男は最低五人女がいなきゃならん。ひとりが妊娠してもまだ四人、もうひとりが病気でもまだ三人、もう一人が死んでもまだ二人、もう一人が他の男に寝取られてもまだ一人残っている」

だが都会に行った娘たちはめったに帰ってこず、いるのは失業中の長男だった。彼は愛想良くコカ茶（コカの葉のティー：日本にティーバックをもってきたが問題なかった。

今は禁止されている）を出してくれたものである。

保安官も時折、朝早くぼくのところへやってきた。警備員が、眠っているぼくの部屋のドアを叩いて「保安官が外で待っている」という。寝ぼけ眼を押さえてキャンプの外へ出ると、案の状、「新しいのを買ったよ」という。

そういわれてもぼくはさほど関心ないのだが、彼のあとをついて村はずれの熱帯雨林の端の茂みの中へ分け入る。彼が懐からおもむろに取り出すのは拳銃である。といってもゴルゴ13やダーティハリーが持つマグナムのような代物ではない。小さなコルトがほとんどだった。彼はそれをぼくに渡し、ぼくの勇気を試すようにいう。

「撃ってみろよ」

しかたなくぼくは椰子の枝に乗っかった缶に銃口を向ける。腕をできるだけ伸ばし、身体をそっぽに向け、思いきって撃鉄を引く。ジャングルの虚空に軽い銃声が吸い込まれる。ほとんど的には当たったためしがなかったように思う。思わず目を瞑ってしまうのだ。

彼は新規購入の代物が暴発するのが怖いので、ぼくに試し撃ちをさせていたに違いないのである。

その保安官は、「馬に乗って村を見回ろう」という。だがぼくは馬には乗れない。いや、ちょっと乗ったことはあるものの、鞍が固く、お尻が痛くなるので嫌いである。メキシコで暴走する馬から転がり落ちそうになったこともある。

「じゃあ　後ろに乗れよ」

六〇を越えたよぼよぼといってもいい老人の胸に捕まって馬に乗る様は、考えただけで格好が悪い。拒否すると、そのうち彼はどこからかロバをぼくの前に持ってきた。尻が痛いといったのに気をつかい、座布団のような鞍まで載せてある。

好奇心もあって馬の代わりにロバに乗ってみた。だがこのロバもいけない。梃子でも動かないのである。頭を叩いても、腹を蹴っても、間抜けな声を虚空に響かせるだけ。まったく馬鹿にしている。

ぼくは村の中を歩いて回るよりほかはない。

しばらくの間、馬に乗る保安官と彼に従うぼくの姿が、夕方のチョチス村のあちらこちらで見かけられた。まさにドン・キホーテとサンチョ・パンサである。友人によく、「おう、保安官助手が来たぜ」などと酒場やディスコでからかわれたものだった。

売人捕まるが

そうこうしているうちに、ボリビア軍東部地区の師団がある隣町のロボレで、売人が捕まったという知らせが入った。兵舎の監獄に拘置されているという。しかもチョチスの村で誰に売ったかをゲロッたという話だった。中には日系人の名前もあるという。

ぼくと保安官はさっそくモーターカーを仕立てて司令部へと向かった。保安官はいつになく、ピカピカの靴を履いて、ワイシャツの襟にも糊がかかり、ズボンもアイロンをかけたばかりでぱりぱり音をしそうに折り目がついている。

夕飯はあそこで食べよう、その後でどこどこで酒を飲もう、それにしばらく会っていない女友達に会おう、などと半分旅行気分でいた。人口二万ほどの街でもチョチスに比べると、大都会なのである。

早めに仕事を済まそうと、二人はさっそく基地を訪れ、司令部の応接室に通された。テーブル、金庫、壁にはボリビアの地図と、パラグアイ、ブラジルとの国境の拡大地図が貼られていた。ボリビアの東部地域の町や村のいくつかは、一七世紀後半〜一八世紀前半にイエズス会によって建設されたものだが、国境近辺の街は、一九三二〜三五年のパラグアイとの石油利権をめぐるチャコ戦争敗北の後に、そのまま生き残りの兵士たちが残って人口が増えたものだ。この戦争では、ボリビア側には五万人前後、パラグアイ側には四万人ほどの死者が出たともいわれている。だが埋蔵されていると予言された石油は影も形もなかったのである。

まずは顔見知りの保安官と司令官が四方山話（よもやまばなし）を始める。ぼくは工事の進行状況について聞かれた。ひと通りの挨拶が終わると、

「さて、ブツを見せるよ」

司令官はそういって、金庫の中から事情調書とマールボロの箱を出してきた。

「一箱一五ドル前後で売っていたようだな。調書はこれね。まあ、誰に売ったか名前があるけど、現行犯じゃなきゃね。それに売人が嘘の名前を挙げているかもしれないよ」

司令官は、ちらりと保安官に目を流してから、まずぼくに調書を差し出した。

ざっと斜め読みをするが、中ほどに知っている友人の名前が載っていた。それは目星をつけていた日系人高宮の名前であった。他にＥＮＦＥの職員の名前もあった。かつてゲリラ活動をしてそのことを悔いていたホルヘだった。ぼくは事情調書の紙切れを今度は、保安官に渡した。それを読む保安官は神妙な顔つきである。

「ここにある名前は誰かな？」

司令官がさりげなく調書の中ほどに指を指した。すると保安官の顔が見る見る蒼ざめた。

彼はうつむいたまま小声で答えた。

「私の息子です……」

司令部を出た後、保安官はひどく萎(しお)れていた。昼飯のレストランでも身内の葬式の通夜のようにしょんぼりしていた。無論女友達の家にも遊びに行かなかった。

幸い、それ以来コカインの売買は表沙汰になることはなかった。

お呼ばれと思ったらまた牛の頭だよ(杉沢氏提供)。

食糧危機

ぼくはその後何年も経てベネズエラ、カタールでプラント建設のために勤務したが、もっとも日々の食が充実していたのは、ここアマゾンである。理由は日系移民がいたおかげである。日本の食材が作られ、入手が可能、日本食を作ってくれる人もいる。

現場のサンタクルス州には、サンフアンとコロニア・オキナワという二つの日本人移住地がある。前者は、ビクトル・パス・エステンソーロの第一期大統領の時代の一九五六年に両国が移住協定を結び、主に炭鉱不況に見舞われていた九州から日本人が移住した。一方、沖縄はアメリカの基地のために土地を奪われた住民を念頭に、アメリカ政府の後押しでボリビア移民が実現したのである。どちらの移住地も疫病、度重なる大洪水、ハイパーインフレなどの苦境を乗り越えねばならなかった。移住地を離れた者も多い。だが今は重要な穀倉地帯となっている。

食堂を管轄したのは、サンファアン出身のイトウさん夫妻だった。奥さんがまかない食を作り、ロレンソの洗礼名を持つ旦那は食材管理とボリビア人向けの食堂を管理した。総務部に属しているので、ぼくの管轄でもあった。食材供給の会社との価格交渉や供給量に関してはぼくも係っていた。まれに食糧が不足する危機もあった。

食料を供給してくれるインフラはまさに再建中の鉄道である。ストライキや脱線や大雨が続くと、何日も電車が来ない。

すると労働者三五〇人の食材が不足する。備蓄食糧の余裕は、あと三日分、あと二日、あと一日。そのような状況に追い込まれて、隣街のロボレに買い出しに行く。モーターカーに台車をつけて、熱帯雨林の中を疾走する。

街の市場に行くのだが、そこの市場も見るからに貧弱で、販売されている食糧は少ない。半ば朽ちたようなトマトやジャガイモやレタスを買う。すべて購入したいが、置かれている量の半分ほどに留める。全量購入すると、今度はロボレの街の住民の分が不足し、日本の援助プロジェクトに対して非難が巻き起こる。

もちろん、大都市のサンタクルスでは、食料は余っている。

これは世界の食糧事情の縮図だろう。

地球上で、始終穀物は数億トンも余っている。だが飢えはある。単に食料は偏在しているだけの話である。すなわち都市では食糧が余り、田舎の貧乏人は飢えるという単純で残酷な図式にすぎない。

もちろん例外中の例外はある。石油資源に頼るモノカルチャーのベネズエラでは、政府が経済を崩壊させたので、都市でさえ食べ物がなかった。腹を空かして米、食用油、スパゲティ、卵、パンなどを探して街中を一日中、右往左往した経験がある。

とはいえ、チョチス滞在中は世界の食糧難に思いを馳せるような余裕はなかった。

牛の頭はほっぺがおいしい

イトウさん夫婦のおかげで朝、昼、夕と豆腐、納豆、味噌汁ほかの日本食に舌鼓を打っていた。

最初は地球の裏側で日本食を食べられることに感謝した。だが、そのうち日常になってしまった。

日本食に飽きてくると、ときにはボリビアやブラジルの珍味が食卓に上がった。それは猟で仕留めた鹿だったり、釣ったピラニアだったり、アマゾン系の先住民アヨレオ族の人が売りに来るアルマジロだったり、猟でとってきたホッチ（カピバラ）だったりした。それらの食は、本来の食に内在する野蛮なものを思い出させてくれた。

命を殺すことで人は生きる。理屈はいらない。腹が減っているから、その場で手に入る食材を、焼いたり煮たり、あるいは生で、あふあふと食う。それらの食材のうち、記憶に残っている牛肉に纏わる珍味を紹介したい。

労働者たちの主食はイモのほかに肉である。それも牛肉。

しかしボリビアの牛肉は、牧草が悪いのか、それとも加工のやり方が悪いのか、周辺のアルゼンチンやブラジルの肉と比べてやけに固い。まるでゴムを噛むようである。噛みきれないので大きい固まりのまま飲み込むしかない。高瀬所長の話では、それが本来の牛肉の食べ方であるという。塊を飲んでも牛肉は消化が良いというが……。

牛肉である理由は、他の肉に比べて安いということもある。むしろ豚肉や鶏肉のほうが高い。

だからこそ誕生日には、豚肉を丸焼きにし、クリスマスには七面鳥ならぬ、鶏丸一羽を労働者全員にプレゼントしていた。彼らは、クリスマスの前々日に鶏肉やシャンパンやお菓子の入った、植物繊維で編んだカナスタと呼ばれる籠を持って、家族の待つと町へと戻っていく。

というわけで、固くても普段の日は牛肉。一体、どれぐらい消費したのだろうか？

人数に増減があるので労働者三〇〇人、一人一日三〇〇グラム消費、年間滞在日三〇〇日と仮定すると、一日で九〇キロ、年間二七トン、工期は二年なので、五四トンの牛肉が人の胃袋を満たし、血肉となったことになる。合掌！

その牛の肉はサンタクルスの食肉屋だけではなく、村の肉屋に頼むこともあった。ときにはぼく自身が肉屋まで行って血の滴る肉をロバの背に載せて、キャンプの大型冷蔵庫まで持ってきた。肉屋のカルロスはおかげで、この鉄道援助プロジェクトが始まって一年後には、アドベ（＝土塀）の家をコンクリート作りの瀟洒な家に建て替えたのだった。

そのお礼だろう。彼は年末の休暇中なのに、当番でキャンプに残らなければいけなかったぼくや、イトウさん夫妻のためにプレゼントをもってくるという。「何？」ときくと、ニコニコ愛想笑いをして、「蒸した牛の頭をもってきますさ」。イトウのおじさんは、「そんなもん、いらんよ。もってくるなよ！」と怒鳴り散らした。

だがふっくらと肥えた肉屋は、へへっと笑ってぼくを手招きする。

「明日の夕方にできるから、ちょっと手伝ってね」

牛の頭をとくに食べたいとは思わなかったが、どんなものか見たかったので頷いた。それにどうせ食べるなら、出来る限り無駄にしないほうが牛のためでもあるだろうと、考えたのだった。それはクジラの歯茎や睾丸にいたるまで、肉や脂をすべて利用し、かつ卒塔婆や位牌まで立てて手厚く供養してきた四国や九州の漁民の人たちを模範として脳裏に浮かべたからであった。

台所にいたおばさんにこっそりいうと、「あれはほっぺがおいしいのよね」と舌なめずりしている。

翌日、ぼくは約束の時間に彼の新築した家へ行った。裏庭に青いビニールをかけた牛の頭らしいものがある。

「落としたりしたら、まずいからね」

彼に乞われてそれを二人でロバではなく台車に載せた。ずっしりと重い。夕日に赤く照り返す、ラテライト質の土の上を台車を押す肉屋とともに汗を流しながら歩いていく。時々悪ガキどもが、「なんなの？」「なんなの？」とはしゃぎながら我々の周りに群がり、牛の頭に触ろうとする。肉屋は、彼らを追い払いながら、「カベッサ！（＝頭）」と自慢気に大声を上げる。

食堂につくとおじさんは、所用でいない。おばさんも席をはずしている。

中を探しても牛の頭を載せることができるほどの皿はない。食器洗い用のプラスチック製洗面器を代用にした。二人で台車の上の牛の頭をよっこらしょと持ち上げ、洗面器の上に置いた。

ビニールシートを取る。

おおおお！

なるほど白の地に左右に黒い筋の入った穏健な顔つきで、首から上は生きたままである。ただし目は抉(えぐ)ってある。空いた口から平べったい大きな歯がのぞいている。

「舌がうまいんですよ。ナイフで肉を削ぎとって……皿ももってきて」

ぼくは皿、フォーク、ナイフ、そして、塩、胡椒、サラダオイルなどの調味料を用意する。その間、肉屋は牛の頭を上向きにして、舌をナイフで削ぎやすいようにしている。

「ここがうまいから」

カルロスはぼくのために舌とその周辺の肉を削ぎ取る。そのうちおばさんが食堂に入ってきた。

「なにもってきたの？」

と知っているくせに肉屋に聞き、さっそくナイフをもってやってくる。

「やっぱりここがうまいんよ」

彼女はせっせと頬肉を切り始めた。

「セニョーラはよく知ってるね」

肉屋が世辞をいう。

ぼくは舌と口内の肉をちょっと口にしただけで、ナイフを置く。何かぎとぎととして、ぼくには脂っこすぎた。それに牛の頭は、刺激が強すぎる。泣きたくなってくる。

似たような光景が脳裏に蘇ってきた。学生のときにペルーのクスコで、日系人にうまいものがあるからうちにおいでよ、と招待されたことがあった。そのうまいものは、鍋で蒸された丸ごとのクイ（＝モルモット）だ。ぼくには、なにやら不気味な白い湯気をふわふわと上げている数匹のネズミとしか見えなかった。

あの時、ぼくの目の前で、金髪の絶世の若い美女（日系人の愛人か？）が焼き芋を剝くように皮を剝ぎ、眼も口もついたままのネズミ肉をルージュを引いた赤い魅惑的な唇を唾で濡らしながら、「おいしい」「おいしい」とほおばる様は、地獄絵図のように見えた。どうぞと促され、ぼくもネズミを掴み、ペロリと皮を剝き、露わになった茶褐色の肉を恐る恐る口にしたが、ネズミの小さな目に睨みつけられているようで生きた心地がしなかった。クイはペルーやエクアドルでは高級食材なのだが……。

このように食は文化や風土を理解する大きな鍵で、人と人を結びつけたり、世界の不条理や目の眩むような貧富の差を教えてくれる。けれども異食には、どうしても受け付けないものがある。日本の刺身や寿司だとて、三〇年ほど前までは多くの国で忌み嫌われていた。

さて、アマゾンの小村の食堂では、鎮座した稀者の天井を見上げる抉られた目の奥に頭蓋骨が覗いている。歯茎や口蓋やベロの肉が赤や褐色やピンク色に毒々しく色づいている。肉というより、腐敗してゆく屍骸の一部にしか見えない。ハイエナなら旨そうな肉と思うのかもしれないが。

ぼくは薄気味悪くなって降参した。

「いや、腹がいっぱいで、もういいや」

肉屋は「せっかくもってきたのに」といい、がっかりした顔をする。最大のおもてなしがぼくには効き目がないどころか、逆効果だったのである。

「なんだ、だらしない、男んくせに。気持ち悪いん？」

九州生まれのおばさんはぼくを蔑むように見て、肉屋といっしょに、牛の頭をうまそうに食べ続ける。

こうして、熱帯雨林の中の小村の年末の夕暮れが、静かに過ぎ去っていった。

第二部

大成建設六人衆が経験したアマゾン鉄道建設

山岸と談笑するスーパーバイザーの（左から）吉田、高橋、庄司

ぼくはアマゾンの仕事が終了したあと、日本社会と世界各地を漂流した。南米を中心に世界一周して帰国した後、最初にシンクタンクで首相向け外交政策の提言に携わっていたが、母の介護をする必要に迫られ退社し、その後一〇年ほどは、伊藤忠系の研究所でコンサルタントとして海外投資と援助の調査に携わったが、バブル崩壊後の伊藤忠の不調によりコストカッター丹羽宇一郎が社長となり、ぼくは早々リストラされ、その部門も消失してしまった。結局その総合研究所は伊藤忠テクノサイエンスと合併し、現在の伊藤忠テクノソリューションズ（ＣＴＣ）というＩＴ系の優良企業となっている。その手際の良さで丹羽のほうは社会的評価をあげ、中国大使にまで上り詰めた。一方海外部門の同僚たちはちりぢりになった。ちなみに最初に伊藤忠を解雇された社員のなかには選挙フリークのマック赤坂がいる。

ぼくが若いときに感じたように丹羽は得意だったに違いない。また他者を解雇することでサディスティクな快感を得たに違いない。サディズムの喜びの究極は権力であり、他者の運命を左右できることだろう。自分のさじ加減で人を不幸にすることも幸福にすることも可能なのである。

一方、ぼく自身は会社を放擲（ほうてき）されたあとにノンフィクション系の作家に転身していた。バブル後の経済混乱の中で、援助での経験を踏まえてホームレス、リストラ、起業などにかかわる書籍を発刊していた。けれども何か違和感があった。本来の専門は海外の援助や投資なのである。アマゾンでの大規模援助を皮切りに、グアテマラの生活廃棄物処理機材無償援助、チリの環境保全プロジェクト、エクアドルのマングローブ林の保全、ミャンマーの情報技術・電話網の案件形成、イスラム諸国でのリース産業の可能性調査、インド電気通信投資調査、中国華南の華僑調査、マーシャル諸島での漁業援助、ソロモン諸島の無償援助、ホンジュラス・チリでのJICA漁業援助プロジェクトの評価調査などに従事した。

ぼくはバブルが崩壊したあと、ホームレスが経済難民として公園で数百人が生活する日本で、海外のODAに一兆円を超える予算を充てることを批判していた。ただし、現在二〇二二年は、六兆円を超える防衛予算と比べても六〇〇〇億円ではやや過少だと考えている（次ページの図表「防衛予算とODA予算の推移」参照）。

その間、チョチスのことがなぜか頭から離れなかった。今思うと、電気もテレビも電話も、無論インターネットなどないアマゾンの小村にいたときが、ある意味ぼくの人生で最も幸せだった。押し寄せる広大な緑の中で、孤立した島のようなチョチス。唯一下界と結びつける列車は数時間の遅れが普通で、一日、二日と遅れることもあった。時間は実に緩やかに流れていた。スピードや効率を求めれば求めるほど、人はストレスに晒（さら）され不幸になる。身の丈にあった時間の流れがアマゾンにはあった。しかも電話がないので、用事があれば家を訪れるしかない。テレビがないので、娯楽といえば友人と語らうしかない。モーテルもホテルも電気もないので、夜は満天の銀河の下で、闇の中恋人と密かに愛し合うしかない。人と人は身近だった。人と人は肌を寄せ合って生きていた。

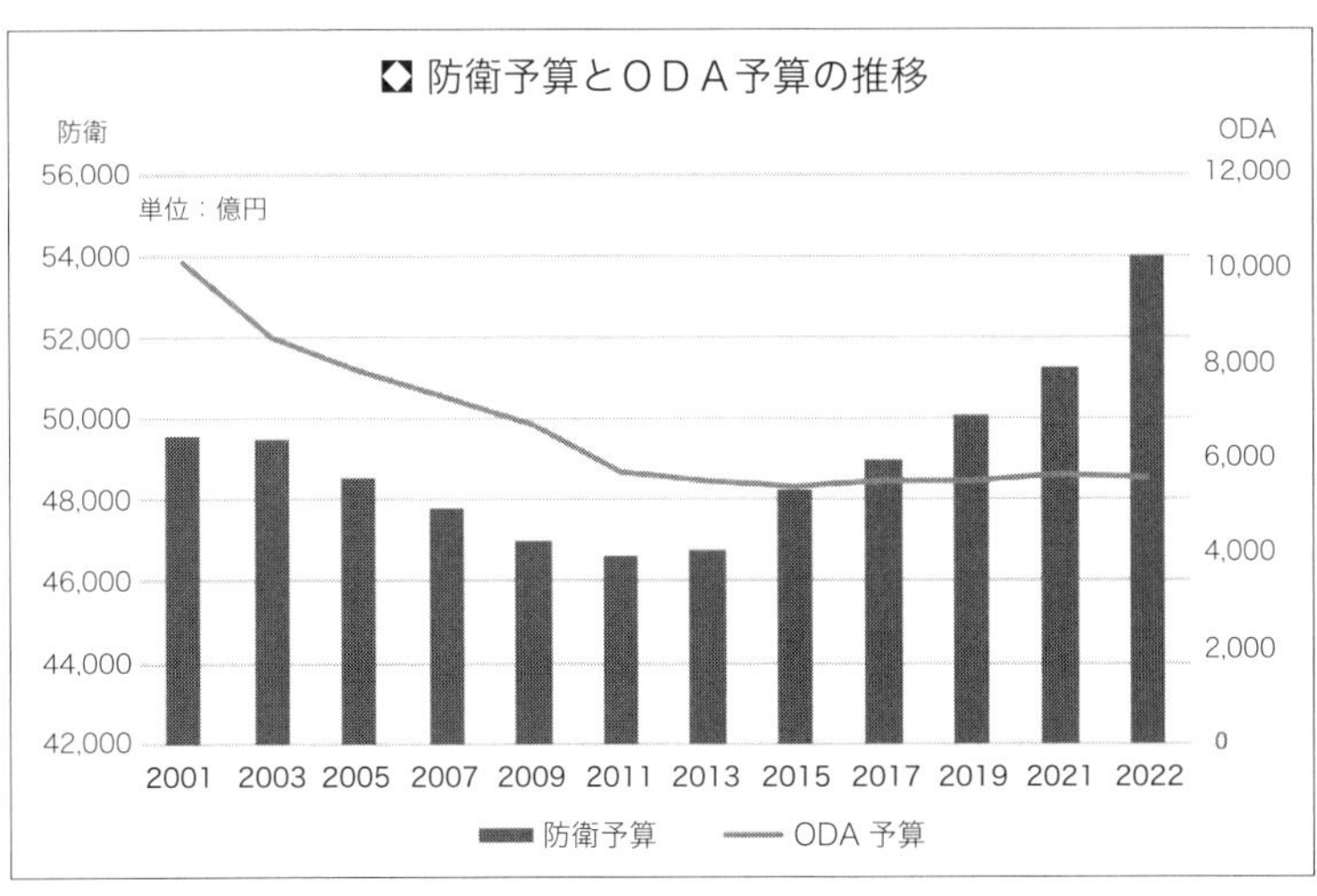

人を機械のように扱う生産性という言葉の追求やコンビニやウォシュレットに代表される日本の利便性は、生きる実感を乏しくさせる罠のひとつともいえた。必ずしも人を幸福にしない。

だからなのか、あの村が、あの鉄道がどうなったのか気がかりでならなかった。仕事の原点でもあった。大成建設の面々とも時折会って、酒を飲んだ。彼らは派遣社員でしかないぼくを飲み会には必ず誘ってくれた。

いつかこの建設事業を書籍化したいと考え、一同が会する飲み会とは別に二〇〇五年に大成建設六人衆に取材を開始した。ODAによるアマゾン鉄道の建設は、各自の担当が違うのだから各々が別々の景色を見ていたはずだった。

第10章 名乗り出る者
会社の評価に納得できるか?!

アマゾンの中の広大な川の温泉。JARTS の福島さんの家族と今関、柳沢。

工事責任者の山岸がボリビアに赴任したのは四六歳のときだった。取材時は六七歳。大成建設の中でもこのプロジェクトには最も長く関わった人間である。会ったのは二〇一五年の一〇月三一日の午後二時、場所は西日暮里の喫茶店ルノアールだった。

再会したときにまずは驚いた。寄る年波のせいかチョチスで仕事していたころの山岸とは違っていた。当時は、工事の進捗にぎょろりとした眼を抜け目なく炯々（けいけい）と光らせていた。また居丈高だったのでもっと矍鑠（かくしゃく）たる老人を想像していたが、眼鏡の奥の目の光りは衰えていた。五五歳のときに緑内障にかかったのだという。

「父親が死んだときに、その電報がよく読めなかったのさ。そこで眼医者にいったら、緑内障だった」

心臓も悪いという。

「階段をのぼっているときに胸が急につらくな

ってね。医者に行ったら血栓ができていた。リングを入れようとしたけど、血管が大きく無理だった。まあ、いまのところ大丈夫。毎日六キロ走っているよ」

彼は不調にもかかわらず自宅のある龍ケ崎市から西日暮里まで、「人のしゃべったことじゃいいかげんだからな」と資料をいくつも持参して出向いてくれた。礼をいうと、「暇だからね。家にいても二人きりで、妻も食事を作るのを面倒くさがるよ」

すでに定年退職していたのである。

プロジェクト開始以前

ぼくはこの仕事をどのような経緯で大成建設が受注し実施するようになったのかは知らない。その事情に最も詳しいのが山岸である。彼は札幌支店に勤務しているときに本社に呼ばれた。

「海外の仕事、エジプトの製鉄所の案件をやらないかって打診された。最初は室蘭製鉄建設の経験のある二人が呼ばれたけど、二人とも断ったんだ。そしたらおれが呼ばれた。大分製鉄所の経験があったからだろうね。子供がまだ小学校三年だったから迷ったんだけど」

一九七九年。日本は第二次オイルショック（一九七八〜八二年）の最中で不況だった。中近東はいつもにまして政情不安だった。七九年にイラン革命が起こり、翌年にはイラン・イラク戦争が勃発している。

一方、七八年に開港した成田空港とともに、本格的な国際化の波が始まった。今と比べ日本には海外進出の機運があった。その年、ぼくもメキシコのベラクルス大学に留学し、翌年帰国している。インベーダーゲームが大流行していて、その波に乗り遅れたことを覚えている。

このような情勢下、山岸は知人の中小企業診断士の助言もあり、海外の仕事に打って出ることにした。ところが国際入札は甘くない。

「最初にインドネシアの製鉄所があってね。見積もったけど、負けさ。五〇%も入札価格が高い。本命のエジプトは二五〇億を二三〇億まで落としたんだけど、鹿島建設が超安値で落札したよ。損して得をとるという先行投資だったんだろう。ともかく弱かった」

考えてみれば入札は負けるのが普通である。四社、五社と参加して勝つのは一社だけである。ぼくも同じ経験を何度もしている。大規模なODAの調査案件はめったに取れずに負け続け。現在は零細商社で無償案件を扱っているが、これもめったに勝てない。一〇〇億を超えるような大規模な案件だと何年も前から調査するのだから、準備に要した労力と金を失う。ODA予算の減少とともに援助案件から撤退した企業も多い。海外に直接投資するかM&Aで海外企業を買ったほうがよほどリスクも少ないと見なしているのだろう。だが当時はODA予算が増えていく途上である。そんなときに、ボリビアの話があった。

「近藤課長から『ちょっと観光旅行に行かないか』って言われて。ちょっとは案外遠かったけどね」

一九八四年四月のことだ。山岸と近藤はニューヨーク、リマ経由でボリビアの事実上の首都ラパスに入ったが、金曜の深夜のため入国審査ができなかった。普段の金曜日ではなかったに違いない。セマーナ・サンタ（聖週間＝英語ではイースター）の期間と重なったのだろう。聖週間は「春分の日の後の最初の満月の次の日曜日」に祝われるため、年によって日付が変わる。係官は勤務する気になれなかったのだ。中南米でも国によって違うが、信仰心が厚いほうのボリビアのラパスでは、受難のキリスト像を仕立てた行列などの宗教行事がある。一般には、日本のゴールデンウィークのように旅行期間でもある。復活祭の日の前後を含め一週間ほど休日となる。

山岸と近藤はしかたなく空港で夜を明かしその日にサンタクルスに飛んだ。ひと晩休み、セスナ機で日建の庄司とともにロボレに入り、現場を調査し、モーターカーでサンタクルスに戻った。強行軍である。

「そのとき、おれは写真を写していてロボレで捕まったんだよ」

山岸は軍隊が駐屯するロボレで無神経に写真を写していて現地の官憲に咎められたのである。中南米・ボリビアの洗礼を浴びたといえよう。

帰国後山岸は庄司に聞いた労務費を土台に見積もりを開始している。九月には近藤とともに再度ラパスへ行き、入札準備のために二週間ほど滞在している。

「JICAの専門家にプロジェクトの概算費用を聞かれたよ」

国家間の援助なので、この鉄道案件はずっと前から調査が開始されている。

ＪＩＣＡの調査は期間も長く慎重　しかしこの時代は……

災害が発生した七九年の四月には最初のＪＩＣＡ予備調査団がひと月ほど派遣され、その調査を元に日本国内に現地調査の方法などを審議する作業管理委員会が設置されている。彼らは線路計画、防災計画、経済をそれぞれ担当した。当初のメンバーは次のとおりだった。

委員長　陸路栄一　運輸省鉄監局車両工業課
委員　大川博士　運輸省大臣官房国際課
委員　山田隆二　運輸省鉄監局土木電気課
委員　立花文勝　ＪＩＣＡ特別技術嘱託

作業管理委員会の調査実施計画に基づき、ＪＩＣＡからＪＡＲＴＳ（海外鉄道技術協力協会）が「鉄道復旧計画調査」の業務を受注し、フィジビリティ調査（採算性調査、Ｆ／Ｓ）を実施することになった。

同年早々七月から三五日間現地調査を実施し、国内解析作業を行った。第一次調査のメンバーは次のとおりだった。

団長　田辺陽一　国鉄外務部

副団長、地質調査　吉川恵也　国鉄技研
防災計画　黒川義範　国鉄技研
鉄道路線復旧計画　江藤英昭　国鉄外務部
構造物計画、設計　上田　操　日本交通技術
経済評価、財務分析　前田謙二　日本交通技術
建設計画、水分調査　伊藤嘉一　P・C・I
鉄道計画、需要予測　安沢　明　JARTS
航空写真撮影　中村勤也　国際航業

このときの調査でとりわけ議論となったのは、復旧工事のルート選定である。在来線ルートのほか、新線案が四つもあった（表1「想定ルート比較表」、および図1「F／Sで検討された鉄道復旧工事の5ルート案」参照）。

なおPCIというのはPacific Consultants Internationalのことで、ACTMANG（マングローブ林植林行動計画）の主催するエクアドルのマングローブ林保全（世界一高いマングローブが存在した）の調査でそこの社員といっしょになったことがある。日本工営とともに建設関係のコンサルタントとして君臨してきたが、二〇〇八年にベトナム高官への収賄容疑などの不祥事が発覚し、JICAから出入り禁止となり、他企業に営業譲渡し、今は存在しない。

表 1：想定ルート比較表

（単位：1,000 ＄b）

項目	A 案	B 案	C 案	D 案	E 案
プロジェクトコスト	517,988	598,394	785,356	690,302	1,871,382
軌道更生費	159,310	8,720	151,165	144,815	155,544
計	677,298	607,114	936,521	835,117	2,026,926
路線延長（km）	90.5	105.8	89.9	94.0	89.6

（昭和 55 年 3 月）

図 1：F／S で検討された鉄道復旧工事の 5 ルート案

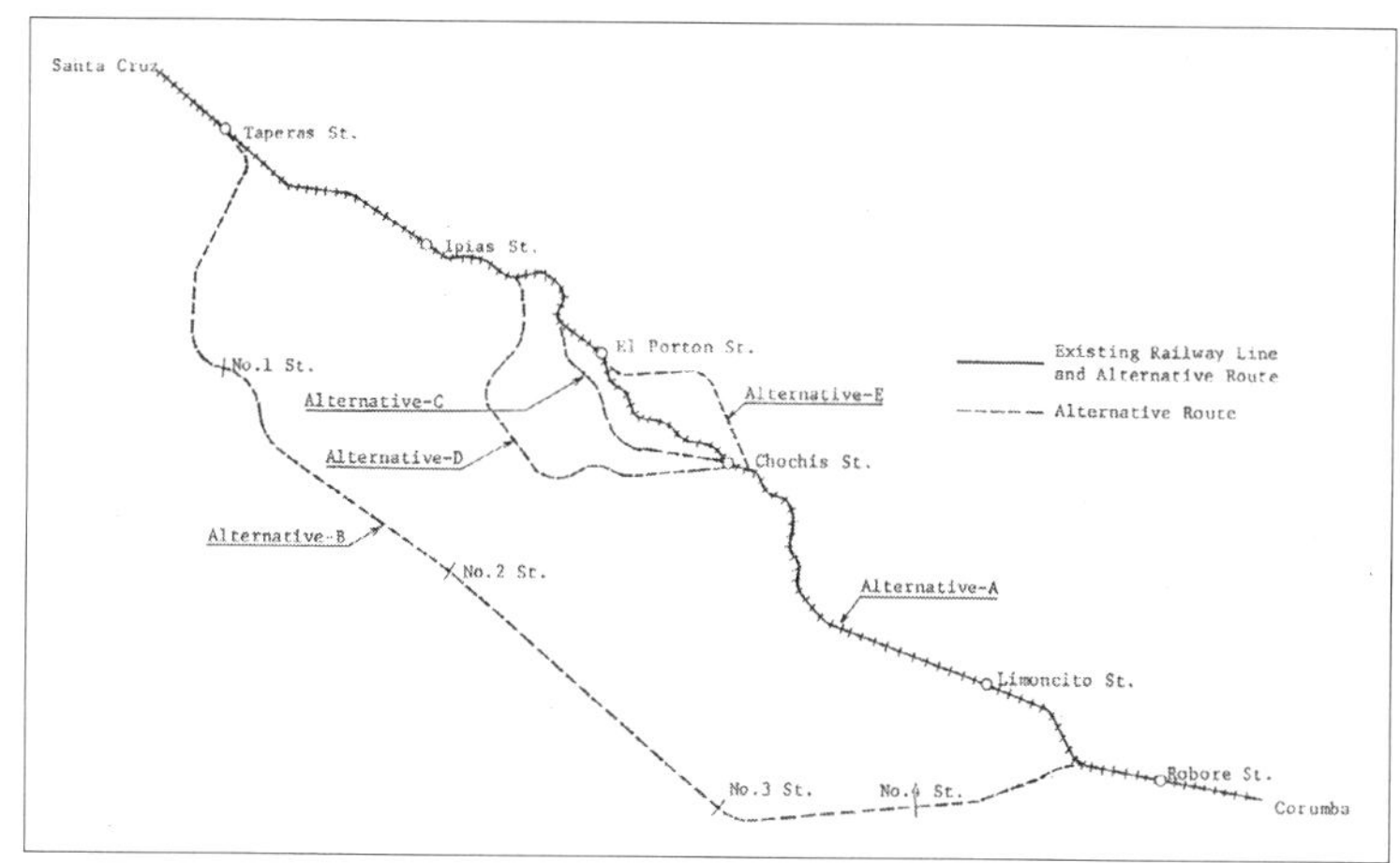

山岸は資料（東部路線イピアス〜ロボレ間　鉄道災害復旧工事誌　昭和六三年六月　ＪＩＣＡ）を見ながらルート案について一気に説明した。

「在来線ルートのA案と新線を作るBCDEの五つのルート案があった。チョチスの岩山に6・8キロのトンネルを掘るのがE案。これは値段が高すぎる。CD案も高い。A案とB案が、調査したところ金額的に安く済む。AかBということで結局五〇億円のB案に落ち着いた。その場合はチョチスやリモンシートの間は列車が通らず、その区間は道路を作る案で、ＥＮＦＥが住民を説得し、これで決まったと思ったんだよ。ところが、詳細設計時（第二次調査）に五〇〇〇分の一の地図が作製された。したらとんでもないことになったのさ」

まるで自身が調査に参加したかのように畳みかける。山岸の青白かった顔が生気を帯びて輝いてくる。山岸は生来のエンジニアで、どちらかというと仕事人間なのだ。ぼくには彼が村の行事に参加して酒を飲んだり、遊びでどこかに旅行したような記憶はない。

とんでもないことが判明した第二次調査団は、一九八〇年五月に現地に派遣され、一月ほど調査し、八一年に最終報告書を提出した。主な目的はF／S時の調査に基づき、詳細設計入札図書を作成することだった。団員を見ると、何に主眼を置いていたかが明らかである。

団長　佐々木定（国鉄外務部）
ルート選定　三浦和男（公団東京支社）
設計　上栗利雄（JARTS）
契約書　大高徳重（国鉄外務部）
示方書　上田　操（日本交通技術）
地質調査　福沢　久（基礎地盤コンサルタンツ）
航測計画　中村勤也（国際航業）
基準点測量　井沢　巧（国際航業）
航測撮影　影山和義（国際航業）
基準点測量　刑部考二（国際航業）
実原建樹（国際航業）
吉本好和（国際航業）
中河義一（国際航業）
水準点測量　後藤　晃（国際航業）
古堅和男（国際航業）
米山正章（国際航業）

測量のために国際航業の測量班が大活躍したのである。その結果は……山岸がこう説明する。

「元の地図が実際の測量とはまったく違う。勾配も道路も設計が変わってくる。前の調査に使用したアメリカの地図がまったく杜撰（ずさん）だったんだ。それにボリビア鉄道も西部局と東部局は勾配の基準値が違う。西部局は一〇〇〇分の一八、東部局は一〇〇〇分の一二が最大。トンネルを掘ったり、土の切り取りが三〇メートルも増えて、総予算が五七億円に跳ね上がった。そんなわけで最も安価なA案に落ち着いたんだよ」

山岸の言葉を資料より補足するとこうなる。

アメリカの地図は一九六七年に作成されたもので、使用カメラ、図化機の精度が劣っていて、地盤高に高低二〇メートルの誤差があり、一部で一〇〇メートルもの差があった。すると、延長四・三キロのトンネル、三〇メートルもの高い切取り区間を施工する工事が必要となった。それでも日本側は、在来線案に変更すると、いままで投資した調査費一億円が無駄になり、再度の調査が必要なので一年間施工が遅れるとの理由で、B案に固執した。

いままでの時間と金が無駄になるので、変更できない。戦中、戦後、最近の出来事を省みるにつけ、このような負の行動様式、負の決定様式は日本人に染みついたものなのかもしれない。

幸いENFEは民主的だった。バス代替路線を作るという案にチョチス、リモンシートの住民が強く反対している、また国防上の理由もあるとのことで、既存ルート案を要望し、日本側にも了承された。

チョチスかリモンシートにひと月も住めばわかるだろうが、住民の反対は予想どおりなのだ。バスがきちんと運行される保証はない。バスの保守はどうなるのか、どんなバスなのか、道路は雨期に通れるのか、など不安な点が山積みだし、列車の乗降のために大きな荷物をかかえてバスに乗らなければならない。

また聖地のあるポルトンにも列車は通らない。お祭りの時期には、ボリビア中から信者が集まってくる。バスでそれらをさばけるとはとても思えない。

調査費が一億円無駄になったとしても、ボリビア政府の決断が正しかったのである。いずれにしろこの時代、日本側にプロジェクト施工地域の住民に対する配慮の視点はほとんどなかった。

その後ぼくもＪＩＣＡ調査団の一員となったことがあるが、現在はこの時代と比べて調査手法や枠組みは世界の趨勢に合わせてずっと向上している。大規模案件には環境アセスメントや社会的配慮にかかわる調査があるとともに、ＰＣＭ（Project cycle management）手法を使った住民参加型の事前評価が行われる。また、中間評価、終了時評価がなされるので、詳細な枠組みと成功・失敗の教訓を得ることが可能になっている。けれども当時はそこまで援助手法は深化していない。

こうして援助現場の住民配慮はなおざりにされたまま、在来線復旧案による詳細設計が必要となり、第三次調査団が一九八一年五月より五五日間の現地調査につき、国内解析をへて一九八二年二月にボリビアで最終結果報告が行われた。

第二次調査を土台にして作られた入札図書は次の七冊だった。これらは、ＪＩＣＡが派遣した鉄道専門家の指導のもと、ＥＮＦＥが作成したのである。

別巻　　予備資格審査申込心得
第一巻　入札心得
第二巻　契約条件書
第三巻　一般仕様書
第四巻　技術仕様書
第五巻　数量明細書
第六巻　基本設計図

これらの入札図書は日本語とスペイン語で作られ、必要箇所を現場でぼくも読み込むことになった。

第三次調査団の団員は次のとおりだった。

団長　　　　　　　佐々木定（国鉄）

設計
上栗利雄（JARTS）
三浦和男（公団）
遠藤章二（JARTS）
積算
上田　操（JARTS）
地質調査及び測量
楠　穣（国鉄）
今村光明（公団）
吉冨治郎（国鉄）
青木修二（公団）
影山和義（JARTS）
井沢　巧（JARTS）
酒井　静（JARTS）
杉本憲秀（JARTS）
実原建樹（JARTS）
山下晃二（JARTS）
古堅和男（JARTS）

JARTSが受注した案件なのに、なぜこれまでの調査団にJARTSの人間が少ないのか訝（いぶか）っていた読者もいるかもしれない。調査案件の場合社内に適切な人間がいなければ、寄せ集めになり、受注者はそのとりまとめにあたることもよくある。けれども最終調査でＪＡＲＴＳの人間がこれほど多くなるのは目を引く。よく見るとわかるが他の会社から席を移している人間が二人いる。多分、当時のコンサルタント用語からいうと、帽子をかぶった——便宜的に他の会社の社員とした——のだろう。またＪＡＲＴＳが会員私企業から成る社団法人であることも影響しているのだろう。コンサルタントの立場からいうと、予定になかった第三次調査のおかげで、ＪＡＲＴＳは俄（にわ）かに利益を得たといえる。なお公団というのは鉄建公団のことだ。運輸省管轄の特殊法人であり、一九七九年にはカラ出張などの不正経理数億円が発覚し、司直の手が入っている。二〇〇三年には解散している。

こうして入札図書が決まると、担保すべきはお金である。

ボリビア政府はもとより日本に二一八〇〇万ドル（＝六四億円、当時のレートは１＄＝二二八・六円）の借款を求めていた。政府間協議の末、五五億円が認められ、残りはボリビアの自己負担となった。

それを踏まえて資金の出どころのＯＥＣＦ（海外経済協力基金）の調査団が八二年五月に現地に赴き、ボリビア政府、ボリビア中央銀行、ＥＮＦＥと会議を持ち、七月には両国政府の交換公文（Ｅ／Ｎ）が取り交わされた。これをもって援助が正式に承認された。なお、ＯＥＣＦは現ＪＢＩＣ（国際協力銀行）の前身である。

残りの手続きがまだあった。ボリビアではこの借款の大統領令が九月に発布され、日本では十月六日にＯＥＣＦの理事会で承認された。あとはローン契約に調印するばかりとな

ダヴィッド・アンヘレス画
「所有と権利」(筆者所有)

っていたが、その前に大統領が突然変わったのである。

この時代、ボリビアでは政変や軍事クーデタは日常茶飯事だった。状況はどのようなものだったのか、簡単な政治史を時代を逆に遡ってみる。

一九八〇年七月一一日、軍事クーデターがあった。本来、民主的に大統領につく予定だった左翼系のエルナン・シレス・スアソ(Hernán Siles Zuazo)を追い出すため、軍部はクーデターを起こした。エルナン・シレスはチチカカ湖を小舟で渡り、ペルーに亡命している。代わりに大統領の座についたのは、ルイス・ガルシア・メサ・テハダ(Luis García Meza Tejada)将軍。腐敗したコカインまみれの政府(Narco Estado)を樹立している。

このときやはり亡命するようにフランスの奨学金を得てパリに逃げたのが、その後ぼくの飲み友達となったアイマラ(母方)とケチョア(父方)の血をひくダヴィッド・アンヘレス(David Angeles)だった。手元にある彼の絵画「所有の権利」はこの時代の雰囲気をよく表している。彼はその後ボリビアを代表する画家となったが、二一世紀に入る前に事故死してしまった。また一九八九年のボリビア映画『地下の民』もこの時代のクーデターを背景にしている。けれどもクーデターがあろうが軍事政権だろうが、援助計画は進行していったことに留意したほうがいいだろう。

エルナン・シレスはビクトル・パス・エステンソーロとともに一九五二年のボリビア社会主義革命の主要メンバーで一九五六～六〇年に大統領の座にあった。若いときは軍人としてパラグアイとのチャコ戦争（一九三二～三五年）に従軍し、負傷している。チャコ戦争の敗北がボリビアのナショナリズムとともに革命の気運を醸成したといえよう。チョチスの住民の中にはこの戦争のときに住みついたものの末裔（まつえい）がいた。エルナン・シレスやビクトル・パスが先導したボリビア革命は次のような先進的な改革を骨子としていた。

①国内の錫財閥を解体し、鉱山を国有化し、鉱業公社（ＣＯＭＩＢＯＬ）を設立
②農地改革による土地の分配
③義務教育の導入
④国家健康保険の導入
⑤先住民、混血、ヨーロッパ系など全国民の平等
⑥普通選挙の実施

けれども一九六四年に軍部のクーデターにより、社会主義政権は崩壊する。おおよそ南米では、民主化・左翼化→赤字財政・経済崩壊→軍部クーデター→人権抑圧・腐敗・経済

崩壊→民主化・左翼化　というサイクルが繰り返されてきた。

ルイス・メサの軍事政権はチリのピノチェットを模範とする人権抑圧を行った。労働組合の解体、自由な言論の取り締まり、反対派には虐殺。これらは、ドイツのナチやイタリアのファシストの残党の支援を受けていた。しかし経済運営をはじめとする国のかじ取りでは、無能をさらけ出すとともに、コカイン政府に反対の立場をとるアメリカをはじめとする国際的批判の中で、軍部は政権を放り投げ、八〇年の選挙結果を認めたのである。結果エルナン・シレスが亡命先から帰国し、八二年一〇月一〇日に大統領就任の宣誓を行った。

この政変のせいでボリビアのローン契約調印者となる駐日大使も不在となった。アメリカもそうだが、政権が変わると、主な役人も変わる。ポリティカル・アポイントメントである。政変が多発する中南米の国々の大使館では政変時に給与や必要経費が送金されず、大使自ら英語の家庭教師などをして糊口をしのいだりすることもある。今回は軍事政権からの民政への復帰だった。

結局ローンの調印は一九八三年の三月二五日に行われた。最初の予備調査団の派遣からほぼ四年が経過していた。主な内容は次のようなものだった。

・円借款額はコンサルタントフィーなどを含め五五・四四億円。目的はENFE東部路線の災害復旧工事。
・償還期間は一〇年据え置き期間の後の二〇年。利子率は三・五%。

・支出期間は借款契約書日から五年。

ボリビア側は内貨（現地通貨＝ローカルポーション）分一七・一一億円を負担することになったが、その当時のインフレは三〇〇％で計算している。この内貨が後々大成建設を悩ませることになる。

いよいよ入札の気運が高まった。山岸はこれまでの経緯や文献を読み込まなければならない。

一九八三年八月にボリビアの法律にのっとって、ＰＱ（Prequalification）＝入札事前審査が公示された。そのとき、三井建設を含め一五社が申し込んだが、合格者は一社のみとなった。内容に不備があったとして無効となり八四年二月に再公示された。審査委員会の評価基準は、会社の規模、企業としての経歴、この工事に従事する専門職員の経歴、この工事に使用予定の設備・機械だった。

再公示に参加したのは、次の六社だった。

①　大成建設とＮＩＫＫＥＮ　ＢＯＬＩＶＩＡＮＡの共同企業体
②　ＴＲＡＴＥＸ（ブラジル）
③　ＢＡＲＴＯＳとＣＩＡの共同企業体（両者ともボリビア）
④　ＲＯＤＯＭＩＮＡＳ（ブラジル）

⑤　COPESA（ボリビア）

⑥　ICE　INGENIEROS（ボリビア）

七月にPQの結果が発表されると、大成・日建は一位だった。

結局、最終入札は、大成日建、COPESA、共同企業体を急遽形成したTRATEX&RODOMINASの三社の争いとなった。

この時点でENFEはまだ想定見積もり価格を決めていなかったようだ。「ボリビア国鉄災害復旧工事の施工管理」（日本交通技術株式会社　海外技術部長　滝野幸）にはこうある。

「昭和五十九年五月ボリビア国鉄はJARTSに工事見積協力を要請してきた。OECFの借款期限まで残すところ三年余りであることからプロジェクトの推進上無償で約一か月半の協力を行った」。

入札公示は翌年一九八五年の二月を予定していた。その間、ENFE総裁とJICA専門家は日本につき、詳細な工事内容をOECFに説明している。

その頃、入札準備に多忙だった山岸を青天の霹靂が襲った。予想外のことが起こるのは何もボリビアだけではない。

事業の成り立ちを説明していた山岸の声色が暗くなり、ぼくには地底から湧き上がってくる低い地鳴りのように聞こえた。あるいは、まるで人の通夜のこそこそ話を聞かされるような……。

「本当は近藤課長が所長になるはずだった。おれより三歳年上で。ところが寸前に高瀬氏に代わった。それは高崎部長のあれなんだよ。どういうあれなんか知らないけど。おれに無断で変えたんだ」

これまで苦楽を共にしていた近藤課長が突然本事業から外されたのである。ぼくにはうかがい知れない大成建設社内の政治・派閥などの影響があったのだろう。代わりに所長として送られたのは同期の高瀬だった。

八五年二月二二日に入札が公示された。

「おれに行って来いっていうんで、一人でラパスに飛んだよ。何をやったかというと、単価見積もりを電算でやったのを、おれと庄司で入札に合わせたのを一週間ぐらいで作って。こんな厚いの」

徹夜続きで働いたことがうかがえる。ぼくもよく知っているが、入札プロポーザルを作成するのが最も過酷な仕事である。そして報われない。負けると責任になるし、勝ってもほめたたえられるのは、事業の実施部隊であることが多い。日の当たらない業務なのだ。

四月八日の応札締め切りが四月二三日、五月三日と延長され、五月二一日入札結果が開示された。大成日建が落札した。

「まあ、これまで負けてきた経験があるからな」

ＪＩＣＡが積算しＥＮＦＥに提出された予定工事額に一番近く、かつ工程表、施工計画など審査項目が最も好ましいとされたのである。

入札価格の想定は、ＪＡＲＴＳやＪＩＣＡ専門家が関与している。彼らは、企業から積算の情報をもらう。この場合は大成建設である。だからといって大成日建が勝つとは限らない。一社でも利益を度外視したような見積もりをしてくると負けてしまう。けれどもこの時代、ボリビアの政治経済があまりに不安定だったことが優位に働いたのかもしれない。他の企業は大損するリスクを考えていたのではないかと推察される。

「もともとブラジルからボリビアのこの線路はブラジルが敷いたんだよ（一九三八～四五年）。だから最初はブラジル企業にって話があった。でも、借款や調査は日本となったから、日本企業に請け負わせたいというのがボリビアと日本の思惑だった。もともとフジタにやらないかって話があったんだ。ボリビアで無償やっているし。ほらサケを北海道の上川から持っていってたチチカカ湖の養魚場の建設。他にサンタクルスのビルビル空港も作った。我々が行ったときもサンタクルスの病院をやっていた。でもフジタは断ったらしい。土木が弱いからかもしれない。うちは南米ではこの一〇年ほど前にペルーの発電所をやったぐらいだった」

フジタは土木が弱いだけではなく、ボリビアの内情をよく知っていて尻込みしたか、他の仕事で手が回らなかったかのいずれかに違いない。本工事の情報を集めていた当初、大成建設はまだボリビアの政治経済面の知識があったとは思われない。

一方、ＥＮＦＥは本プロジェクトの経緯をよく知っているＪＡＲＴＳとエンジニアリング契約を結んだ。ＪＡＲＴＳはコンサルタントとして、測量、地質調査、詳細設計、工事用車両の調達、現地にて施工者とＥＮＦＥの利害調整、単価の査定、工事の監理、設計変更の承認などを行うことになる。

大成建設は落札した頃までには、ボリビアがさすがに一筋縄ではいかない国だと勘づき始めたに違いない。山岸、高崎部長らがさっそくラパスに赴きＥＮＦＥの総裁と会って、契約書の内容を三日ほどであわてて詰めた。大統領選挙が迫っていた。選挙結果いかんによっては何が起こるかわからない。

こうして早いアクションが報われ、六月一一日に業務決定通知書がボリビアの運輸次官名で送られ、大成日建は六月一六日にはサンタクルスの事務所を開設している。そして六月一九日付けで本プロジェクトの大統領令（Decreto Supremo 20881）が交付された。大成日建が受注したことが明記され、金額、プロジェクトの概要、契約状況概要が記載されていた。ぼくはいまだその写しを持っているが、ボリビア政府の前払い支払い期日が明記され、ストライキが起こったときは、施設が破壊されるなどあっても請け負い業者の責任ではないなど重要事項が書かれている。

七月二日にＥＮＦＥ・大成の調印式が行われ、ボリビア側は運輸大臣、ＥＮＦＥ総裁、日本側は駐ボリビア大使、大成建設専務、高瀬課長らが参加した。

さっそく工事の前払い金二〇％が日本から支払われた。ＯＥＣＦによる円ポーションである。ボリビア側は七月二三日にはローカルポーションのペソ分を支払う義務があった。

だが待てど暮らせど金は届かない。もし届いていれば、その一五日後には工事を着工する必要があり、その着工式は八月四日を予定していた。ところが大成日建はＥＮＦＥの着工指示を拒否した。

「これはどういうことかというと、おれと庄司はサンタクルスにいて、日建の白根さんと木村氏がきて、『これから着工式だからチョチスに行かなきゃ』っていうんだよ。それじゃやっていうんで、ご飯を炊いてみんなの分の握り飯を作ったんだ。ところが昼になって着工式は中止になったんだよ。おれにも会社から帰国命令が来たよ」

ボリビアではあらゆることが、不意打ちである。突然決まり、突然打ち消される。

「もともとボリビア政府の支払能力には疑問符がついていたんだ」

大成日建への支払いは、円貨が七〇％、残り三〇％はローカル通貨のボリビアペソ（八七年のデノミネーションからはボリビアノス）で、その半々をボリビア政府とＯＥＣＦが負担することになっていた。前渡し金は二〇％である。その金額が支払われなかったのである。

ボリビアのインフレが一万％だ、三万％だという時代である。工事の契約書にはインフレを考慮したリスクを回避する支払い計算方法の条項があった。けれども支払いが遅れると必ず損をする。たとえていえば、昭和三〇年代にラーメンは五〇円ぐらいだった記憶があるが、今は六〇〇円もする。その変化が数日で訪れるのである。三日後には二〇〇円、一〇日後には六〇〇円というわけだ。現地通貨は目減りするのですぐに使わなければならない。

しかも、ハイパーインフレに見舞われていた当時の大統領選ではエルナン・シレスは敗北し、八月五日にビクトル・パスが選ばれた。かつては同じ社会主義革命の闘士だったのに、今回は世銀とＩＭＦに従い、ショック療法の構造改革、つまり新自由主義経済へと舵を切った。さっそく九月一日には一七〇条からなる経済改革案の大統領令（Decreto Supremo 21060）を発布した。その改革案を作ったのは、ボリビアについて全く知識のない若干三〇歳のハーバード大学教授のジェフリー・サックス（Jeffrey Sachs）だった。鉱山労働者をはじめとする人々の反発は強く、ラパス市などは騒乱状況となった。九月一九日には早くも戒厳令が発令されている。

山岸が豊島とともに正式にボリビアに赴任したのは九月一一日だった。

「前渡金はどうにか一二月二日に支払われて、この日から工事が開始されたとカウントされたんだ。その後、残りのローカルポーション分の支払いはどうなったかはよくわからないな」

この点はぼくのほうが詳しい。

工事

さて、実際の工事はチョチスの事務所が開設された三月一五日以降に始まった。事務所の開設の式典はぼくが赴任したあとの六月一四日だった。

主要工事は橋梁九カ所、函渠六カ所、軌道敷設七五八〇メートル、軌道整備二七四一メートル、監理建物一式だった。請負金額は四五億七八〇〇万円。

工事現場は工区が一番から一二番まで番号が振られ、それぞれ担当が決められていた。実際とは少し違うが、添付の組織図（次ページの図2「大成建設ボリビア作業所組織図」）が参考となる。

主要工事数量は表2のとおりである。ハイライトは工事費の半分強が占められていた橋梁だろう（表3「橋梁」、表4「工事契約金額内訳」参照）。技術的な点は巻末の「付録1　技術資料」を参照されたい。

山岸は工事全般と工務（＝資材発注管理、設計変更、工事予算管理）や安全管理とピオコカの石材場の監督が任務だった。食事やサンタクルス事務所の管理は今関がみた。いないときは山岸が兼務していた。

「二、三、四、五番は日建の高橋で、上には柳沢がついた。柳沢は工事全般もみたが、現場よりも製図を書くのがうまかった。数量変更、設計変更なども作った。六番、七番は日建の庄司だった。係長待遇だったが、自分では現場に出たいと希望していた。八番の一番大きな橋は全員でやった。豊島は軌道、橋、バッチャープラント、土質試験を担当。軌道は名鉄の関連会社の名工建設の近藤、石川がいた。橋桁はブラジルのイシブラスを雇った。カルバートの二番、三番、四番は日建の野田君だ。新入社員なのに優秀だった（のちに大成建設の社員となる）。九番の橋、四A、四Bの函渠、一二番は日建の長谷川。ここは遠

◆図２：大成建設ボリビア作業所組織図

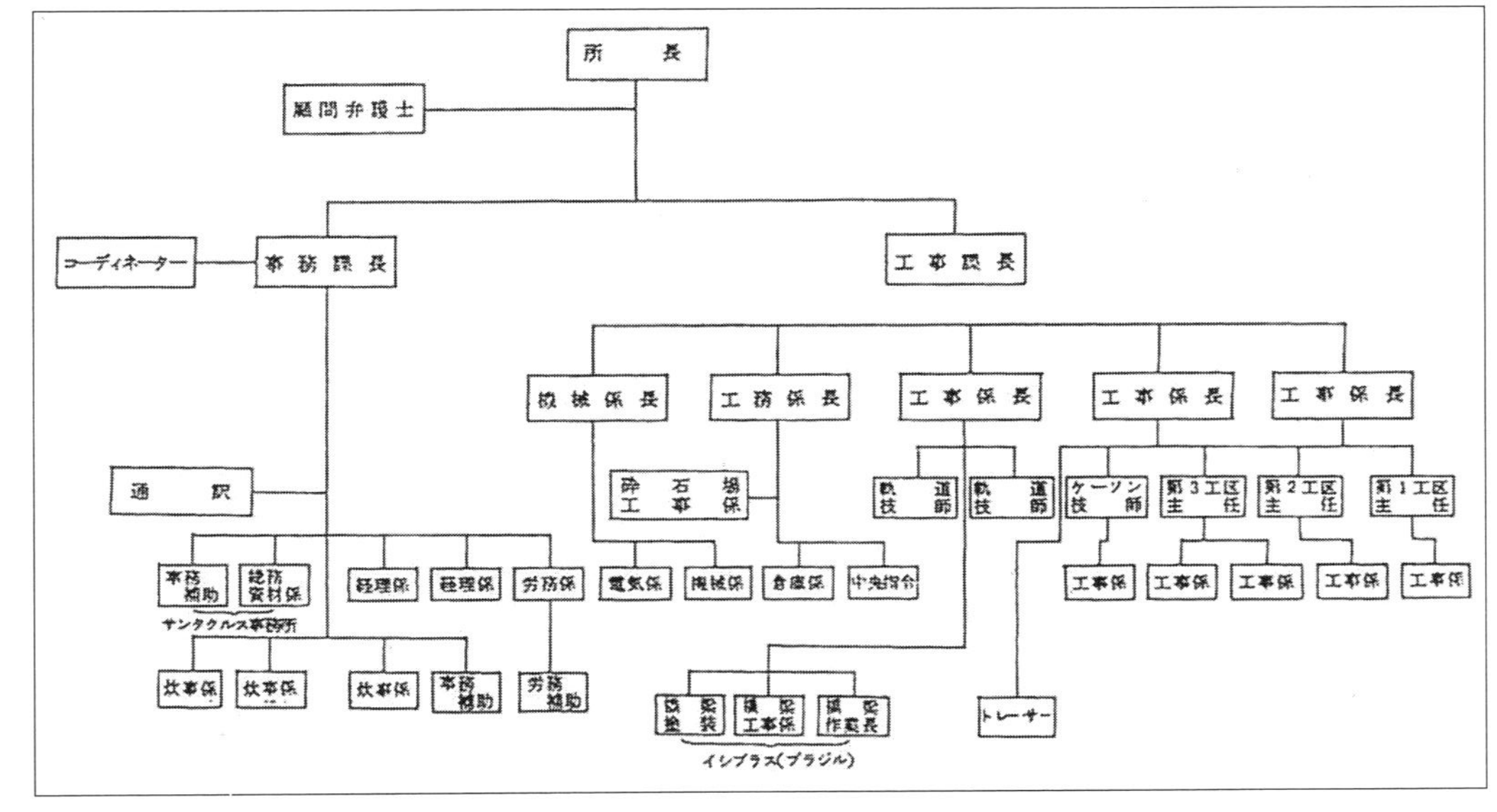

表 2：主要工事数量

工事種別			計画数量	施工数量
土工	切取	本　　線	13,500m^3	18,405m^3
		仮　　線	12,900m^3	13,855m^3
		基 地 線	10,600m^3	13,287m^3
	盛土	本　　線	104,500m^3	153,558m^3
		仮　　線	20,370m^3	17,477m^3
		基 地 線	5,000m^3	5,987m^3
	河川改良切取		148,500m^3	115,256m^3
	河川改良盛土		7,000m^3	6,633m^3
構造物	橋　　梁		9 カ所、12 連、325m	9 カ所、12 連、325m
	ボックス・カルバート		5 カ所	7 カ所
	コルゲートパイプ		640m	595.6m
軌道	線路敷設		7,170m	9,176.3m
	線路移設、こう上		1,290m	2,497.8m
	線路撤去		7,220m	9,429.9m
建物	監理建物、宿舎、その他		一式	一式

註：施工数量は追加工事を含む

表3：橋梁（右の図は当時描いたメモ）

橋梁 No.	位置	支間 m	連数	制作 TON 数	TYPE
2	354k909m	15	1	17.5	下路桁
3	355k175m	15	1	17.5	〃
4	355k410m	15	1	17.5	下路桁
5	356k280m	40	1	82.2	上路トラス
6	358k165m	40	1	82.2	〃
7	359k186m	15	1	11.6	上路桁
8	360k352m	65	1	168.4	下路トラス
9	361k747m	40	1	81.7	上路トラス
12	386k812m	20	4	28.9×4 =115.6	上路桁
	TOTAL		12	594.2	

表4：工事契約金額内訳

種別	単位	数量	外貨 ¥	内貨 $b×10³
土　　工	式	1	437,416,400	60,766,700
路盤施設	式	1	119,444,332	30,142,124
函　　渠	式	1	217,641,230	24,321,900
橋　　梁	式	1	1,686,551,277	128,101,311
軌　　道	式	1	263,899,363	36,603,958
監理建物	式	1	269,060,744	18,640,961
通信設備	式	1	17,986,654	1,331,046
合　　計	式	1	3,048,000,000	299,908,000

いのでコンクリ打ちも現場でやった。杉沢は機械修理とオペレーター指導。スーパーバイザーの吉田、高橋、長谷川などは柳沢の下だった」

「技術的には難度は高くないし、ボリビアの労働者の質もよかった。型枠工のやり方とか日本方式を使ったがすぐに覚えてくれた。ただ、工事区間が三五キロと長いので管理の目が届かない可能性があった。おれは新幹線関係で似た仕事についたことがあるが、そのときおれの下にいた社員がダメでえらい目にあった。そこで、おれが全部みれば、ということもあったけど、途中にJARTSが入るし、おれが工務に時間を取られる分、庄司を現場に出した。

「ケーソンについて、これもどうってことない。先端に沈下しないように、先端に金のとんがった、シルと呼ばれる敷板をつける。中を掘りながら下げていく。オープンケーソンと仕切のあるケーソンがある。日本は仕切りを作るのが多いが、ここは掘っても水が出てこないのでオープンケーソンにした。ただ沈下していくときに高低や傾斜が狂うこともあるので、高橋建設の吉田さんを連れてきた。経済的にも安くついた」

運行指令室とモーターカー

山岸は言及しなかったが、この工事の難しさは、稼働している鉄道路線をそのまま工事することだった。そのために列車の運行に注意を払い、ときには運行時間をずらしてもらう必要もあったし、五カ所で退避線の敷設（ふせつ）が必要となった。列車の運行、モーターカーの運行、工事などを管理するために無線による運航指令室をオフィス内に開設し、最初は日系の若い深浦ケンゴがその任についたが、あまりうまいとはいえず、途中で交代した。

資材の運搬も既存の線路を使って行う以外になかった。道路はないに等しかった。そのために活躍したのは、ボリビア側から支給された軌道用の四台のモーターカー（日本製）だった。牽引する台車が資材を運搬し、労働者を移動させたのである。運転手はＥＮＦＥの職員だった。

サンタクルス事務所

購買、ＥＮＦＥとの連絡、日本との連絡を担当したのはサンタクルスの事務所だった。事務所といっても普通の家屋である。一階は居間とダイニング、二階に社員の宿舎となる寝室があった。職員は日系の遠藤と秘書の井出（ことみちゃんと呼んでいた）。他に、ガードマンとして離れにボリビア人家族が住んでいた。

「高瀬が『日建がどれぐらい金あるか借りてみよう』というので五〇〇〇ドル借りて、遠藤が机、椅子、電気、通信機器などを整えた。家賃は八万円相当だったな。一度泥棒が入ってガードマンが撃たれたことがあった。そこで、塀を高くし、バラ線をひいた。それ以来泥棒は入らなくなった。ボリビア人の夫婦は安月給なのに、サッカーの試合は飛行機に乗って応援に行っていたな」

サンタクルスに休暇で出たときには、ぼくも何度か事務所に宿泊した。一度、韓国の辛いインスタントラーメンを作ったときに、いつの間にかスープに夥しく黒い蟻が浮かんでいた。そのとき、野田が「こんなのへっちゃらですよ。かえっておいしい」といっていたのをよく覚えている。

購買担当の遠藤は、「フジタがボリビアに来ている」と、高値になるだろう藤田嗣春（つぐはる）の絵を探していた。ぼくは絵画の販売と展覧会を業（なりわい）とする会社に一時席を置いたこともあり、また休暇中やプロジェクトの終了後にボリビアの著名・無名の作家から何点か作品を直接購入しているので、彼の言葉をよく覚えている。いつか私設美術館を作ろうと思っていたが、それはまだ果たせず、家の倉庫に一〇点以上の絵画が眠っている。

遠藤は日本の物質文明が恋しかったのか、「日本にはなんでもある」といった。でもぼくはメキシコやブラジルの中流階級と比べて、住宅をはじめとし決して裕福とは思っていなかった。七九年にスペインチームの代表者は、都内の高速道路沿いの家並みを見て「こんなにスラムがあるとは思わなかった」と正直にいっていた。ただ遠藤の言葉である程度当たっていることがあった。

「今だけだよ。日本人がこんなに海外に旅行に行けるのも」

経済が落ち目になり円が弱くなれば、海外旅行者は減る。むしろ安い日本に外国人観光客が押し寄せてくるのである。

秘書のことみはいつの間にかボリビアを離れて日本に住んでいた。

「父親が南洋なんとか、サトウキビを売る会社の元社員で、ボリビアで領事館に勤務していた。プロジェクト終了後はあれこれあって、日本に留学して東大の大学院を卒業した。結婚したとかしないとか」

山岸が思い出せなかった会社は南洋貿易である。歴史は明治にさかのぼり、開祖は榎本武揚（たけあき）である。いまだ太平洋諸国でのODAには強い。

ことみはスペイン語はもちろん、英語とドイツ語に達者な優秀な女性だった。

ハイパーインフレ

「土木ニュースにちょちょっと書いた。そうしたら高瀬が見て、『こんなもん、インフレだとかへちまとか書いちゃだめだ』とぬかしたわけさ。それで概要としたわけさ。このインフレの数値の出典はもう忘れた。多分、おれが交換したときのことかもしれない。最初に出張したときは、一九八四年の四月で、まだたいしたことなかったのさ。インフレがあったけど。次行ったのは九月だから、ここにこれ、お札をあなたにあげるから、ちょっとよさそうなの持ってきた。本に載せればいい。最初は一〇〇〇ペソが最高でこれしかなかった。二回目の九月に行ったときもこれだけだ。でも、そのとき、日系会館で会った東銀の人がこんなのが出たよって、五万ペソとかいろんなのが出ていて、八五年には、あっという間に超インフレになってしまった。ペソでもらっても、ひと月で半分以下。まったくあてにならない。昨日測ってみたんだよ。この一〇〇を一〇枚折って、これが一〇〇個になると三〇センチになる。紐でしばって。これをそのままやるんだよ。ホテルにやると、

図3：100ペソ紙幣

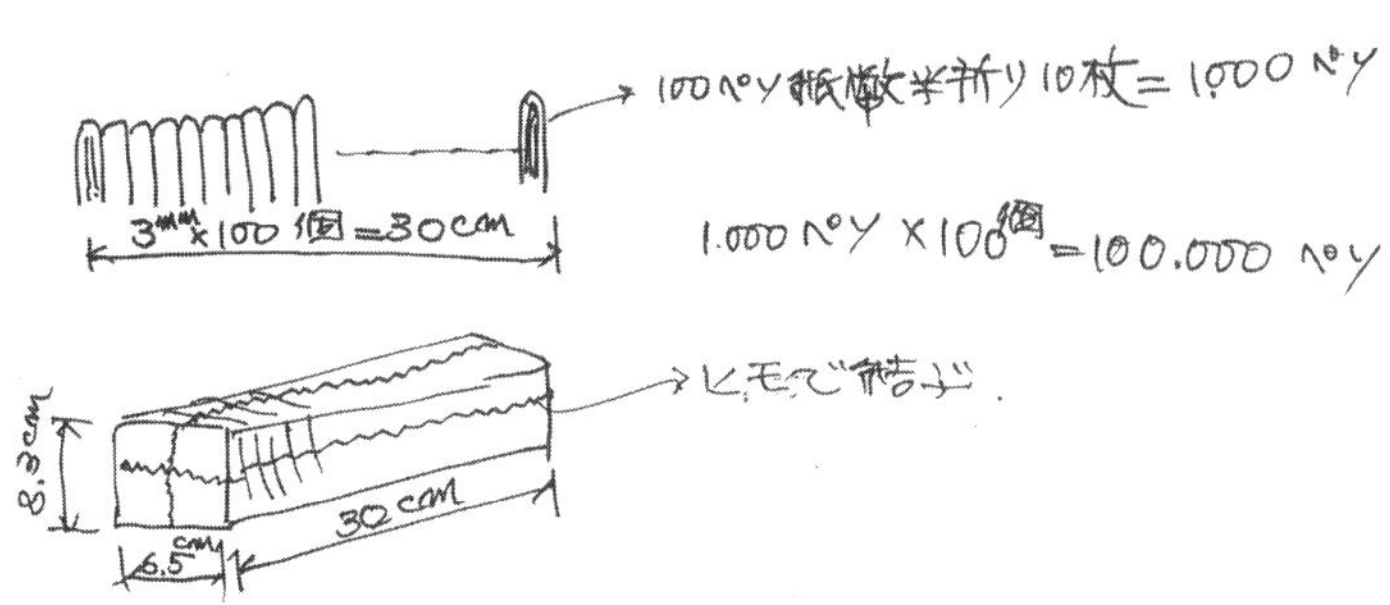

いやな顔してね。一ドルが一二万ペソとなると、その束が一〇〇個にもなる（図3「100ペソ紙幣」参照）」

山岸によると、一九八四年三月を起点として、八五年八月に公定のドル価は一四七・一倍、九月に一九二・二倍となっている。一方、実勢（闇）レートではそれぞれ四四九倍、八九三・二倍である。それだけ、ペソが暴落したことになる。一方、日本交通技術株式会社の資料によると、一九八四年三月ごろには、一ドル二〇〇〇ペソ、一一月には九〇〇〇ペソ、八五年二月には一〇万ペソ、七月には六三万ペソ、一二月には二五〇万ペソとなっている。

一〇〇〇ペソだけでは紙幣が枯渇し、一〇〇万ペソ、五〇〇万ペソと数字だけ高額な紙幣が次々と現れる。途上国は往々にして自国で紙幣は作っていない。輸入だ。このときも紙幣の輸入額は総貿易費の第三位を占めるようになった。

日本人でこのようなハイパーインフレを経験したのは、南米やアフリカのどこかの国に生活していた人以外ほとんどいまい。多くの不思議なことが起こる。

ホテルは現地通貨建てだと、長く滞在すればするほど安くなるのである。ハイパーインフレとは、現地通貨の下落がそのインフレ率以上に落下することが往々にして起こるからだ。公定レートと実勢レート（普通はこのレートで交換）の差もどんどん広がっていくのである。ぼくの記憶だと、ペルーもハイパーインフレになったことがあるが、日本、リマ往復の飛行機切符が五万円弱だったことがある。

すなわちドルを持っているだけで、お大臣になれる。ドルを扱える富豪、輸出入業者、政府のお偉いさんはその気になればひと儲けできる。また金を盗む泥棒もいなくなる。札束をボストンバックに詰めても一〇ドルにもならず、しかも重くて逃げることができない。

ぼくはハイパーインフレ評論家になれそうだ。八〇年代に南米に蔓延したブラジルの一〇〇〇％、アルゼンチンの五〇〇〇％、そして最近ではベネズエラで数万％のインフレを経験している。現在はハイパーインフレで紙幣が足りなくてもそのような国では、キャシュレス経済が進む。クレジットカードだったり、携帯による支払いだったり、あるいはビットコインである。

日本やドイツで紙幣経済が盛んなのは、ある意味通貨の信用度が高いからである。また偽札も少ない。ただ、ハイパーインフレのインフレ率に関するニュースには忖度、バイアスがかかる。世銀やＩＭＦも真っ赤な嘘をいうので要注意だ。興味のある方はインターネットでアクセスできるぼくのレポート「ベネズエラの「インフレ率一〇〇〇万％」を人はなぜ信じるのか？　フェイクニュースはこうして広まり、定着し、真実となる」（WEDGE REPORT ２０１８年10月24日）」を是非読んでいただければと思う。

いいところはすべて持っていかれた

山岸とは喫茶店で三時間以上話をして、予定していたスペインレストランが閉まっていたので、駅近くの居酒屋で飲んだ。日系人を中心にそれぞれの消息に花が咲いた。そのとき日本で結婚したかもしれないことみの噂話に花が咲き、その後「だれかいい人いないかね」と持ち掛けられた。以前あったときもそうだったかもしれないが、彼は大手通信社に勤務する息子の将来の嫁を心配していた。どこかに若い良い娘いないかな、というのである。日本はボリビアのアマゾンとは違う。恋愛の機会は極端に少ない。

二時間ほど飲んで別れた。とぼとぼと西日暮里の駅へ向かう姿は、痛々しいものを感じた。

大成建設は本プロジェクト終了後、ラパスの水道工事の仕事も受注した。山岸はその件についてこういっていた。

「入札前に高瀬が来て、『こんなのあったよ』といっておれの資料を持っていってしまった。彼はスーパーバイザーの金額を適当に変えた。腹が立った。『山岸さん、このスーパーバイザーだけ高いな』といって。同期だからな。ほとんどのおいしいところを持っていった。帰国後、おれは点数は良くなく、出世はしなかった。柳沢もあまり報われなかったんじゃないかな。高瀬は良かった。社長賞をもらった」

二〇年もずっとそんな報われなかった思いが胸の奥底に淀んでいたのである。

この世代の大企業に入社した者の通例として、山岸は大成建設一筋である。いや、ぼくの世代とて転職者は少なかった。フリーランスは極端に少ない。ぼくは彼の深い情念に驚くとともに、それはある意味もっともなことかとも思うのだった。入札書類を作って落札したのは山岸だった。工事全般をみたのは山岸だった。ストライキやその後の村人との騒動のときも、矢面に立ったのは山岸だった。彼は自身がこの工事の全容を書きたかったに違いない。その思いを次の資料とともにぼくに託したのだ。

・「ボリビア鉄道災害復旧工事　工事記録一九八八年三月　大成建設（株）海外事業本部ボリビア鉄道作業所」
・「ボリビア共和国に於ける工事事情」（海外事業本部ボリビア鉄道作業所）
・山岸手書きのメモ「ボリビア鉄道災害復旧工事」
・「ボリビア国鉄災害復旧工事の施工管理」（日本交通技術株式会社　海外技術部長　滝野幸雄）
・「東部鉄道イピアス～ロボレ間　鉄道災害復旧工事誌　昭和63年6月　JICA」

それにしても残念でしかないのはボリビア紙幣だ。後年月とともに紛失してしまった。代わりに国家を壊滅に導いたベネズエラ政府の発行する価値のない記念の紙幣が残っている。

第11章 現場を知らずしていい仕事はできない

我々はただの通りすがりだったのか？

サンタクルス州にはOkinawaとSan Juanのふたつの日系人移住地がある。お世話になった。

豊島がボリビアに赴任したのは三八歳のときで、取材時は五八歳になっていた。二度会った。最初は二〇〇五年の七月一〇日の夜の八時。八重洲ブックセンターで待ち合わせた。暑い日だった。そのさなか、彼は背広ネクタイ姿である。フリーランスのぼくは半ズボンにサンダル履きだった。

「きょうは小役人相手に営業だよ」

そういってピスコとチョコレートを手土産に渡してくれた。ピスコとはペルーやチリで飲まれるブドウ果汁を原料とした蒸留酒である。豊島はペルーの首都のリマからコスタリカのサンホセ、ロサンゼルス経由で日本に一時帰国していた。途中空港の売店で「若く見えそうだ」というのでロイドの眼鏡を買ったという。頭は白髪になっていたが意気軒高である。彼はペルー事務所の所長を務め、南米事業に目を光らせていた。以前と同じくすたすたと歩く足が速い。

駅の下で飲もうかと誘ったが、

「東京駅の地下は昔作ったんで、よく知っているよ。しかし暑い。もう東京はすぐ飽きるな。こんな人だらけのところによく住むよ」

結局、タクシーを飛ばして大成建設社員のテリトリーである新宿に向かい、小田急ハルク八階の高級焼き肉店で相対することになった。

豊島はメニューを見て、即決の注文。ロースもヒレも最高級の肉だ。しがない物書きでしかないぼくの顔色に気が付いたのだろう。

「接待費だよ。一〇万円ぐらいだいじょうぶだから」

取材でおごってもらうのは決していいことではない。しかしよく考えると、ぼくの行為が取材なのか、かつての同僚と飲み明かし思い出話と近況に華をさかすためなのか、曖昧なところがあった。これらの話が新聞や雑誌に掲載される可能性はなく、書籍化も確定していたわけではない。

今回はお言葉に甘えることにした。

まずは懐かしいペルーの情勢について聞いた。ぼくがペルーを旅したのは学生時代の一九七九年だったので、二〇〇五年当時であっても二六年も前のことだ。

「事務所はサンイシドロにあるよ。家はマンションの上層階。海が見える。観光地で下は公園でカップルがキスしている。海のほうにハンググライダーが飛んでいるよ。韓国の焼肉が流行っていてそれを食べている。日本の五分の一ぐらいの値段だよ」

ぼくが訪れた当時はフランシスコ・モラレス・ベルムデス（Francisco Morales Bermúdez）大統領の軍事政権で政情不安だった。エクアドルとの国境の街トゥンベスで国旗に敬意を払わなかったかど（不敬罪）で同行のイタリア人、ポルトガル人とともに軍隊にひっとらえられた記憶がある。同行者はラテン系だしぼくは日系ペルー人と思われたのである。彼らはあとから判明したが、「コカインの運び屋」だった。ペルーで原料を買い付け一〇倍ほどで売るのだという。ぼくがエクアドルで盗難に遭い、金がないのを知ると、いっしょにやらないかと誘われたがやんわりと断った。

首都のリマでは熱帯の美しい花々に囲まれた高級住宅街ミラフローレスの日系人の友人の家にころがりこんだ。けれどもダウンタウンはすすけた色合いでごみがあちらこちらに放置されていた。うぶな旅行者から金を巻き上げようという犯罪者がたむろしていた。だが豊島の話だと、二〇〇〇年代初期は経済成長もそれなりで、ずいぶん近代化され治安も回復したようだ。

「来たらいいよ。イースタン航空で。往復一二万円ぐらいだから。一二月で終わりかもしれないから。三年間仕事がとれていないんだよ。無償とれっていうけど、そんなはした金。それにいい仕事しないから。途上国は無償だからって文句いわないんだよ。まあひどいよ。日本の会社は。コンクリートさえ壊れてきて、雨の日にごまかしたりしているよ。ペンキを塗って。金が儲かればいいってことだから。質は二の次さ」

二〇〇五年の日本は、一〇七人が死亡したＪＲ福知山線脱線事故や土佐くろしお鉄道列車衝突事故など鉄道事故が多発した年だった。また建設関係では、耐震偽装事件が話題となった。その犯人とされた一級建築士の名前から「姉歯事件」とも呼ばれている。姉歯は大阪の中堅ゼネコンの元社員である。ぼく自身も建設会社がビルの鉄筋の数をごまかしているという風説を取材中に何度か聞いた。

一方、小泉純一郎が郵政民営化をひっさげ、「聖域なき構造改革」「古い自民党をぶっつぶす」と訴えていたことに国民は熱狂し、衆議院選挙で自民党は大勝している。新自由主義による貧富の差の拡大を国民が支持していたのである。

書籍では『下流社会』（三浦展、光文社）が八〇万部のベストセラー。流行語大賞には当時ライブドアの社長だった堀江貴文が連発した「想定内（外）」と「小泉劇場」が選ばれた。一方この年の漢字は愛。親が子を、子が親を殺すなど「愛の無い事件」が目立ったからだという。私事だがこの年ぼくは『リストラ起業家物語』（角川新書）と『ホームレス入門』（角川文庫）を発刊し、現代用語の基礎知識では「ホームレス用語」と「マリシア用語」を担当している。翌年は『新潮45』に、生活保護が拒否されたのが原因ともなった京都・伏見認知症母殺害心中未遂事件を書いている。

そのような国内の世相は日本企業の海外事業と無縁ではない。

けれども技術者としての矜持（きょうじ）を持っていれば、質を落とさないためには、いたずらに安価な工事費を見積もるわけにはいかない。かつての山岸がそうだったように入札で負け続けなのである。

「二〇〇〇年ごろまでは仕事があったけど、同時多発テロ以降はなくなってきた。でも一〇〇〇億ぐらいの仕事じゃなきゃ、狙わないよ。今期待しているのはパラグアイ川に面したプエルトスアレスのところのプロジェクトかな。でもインターナショナルテンダーでは、スペイン、ブラジル、メキシコとかが相手で、ＰＱには残るけど、最終入札では負け続け。なにか他の力が働いているような気がするよ。今は三菱商事や伊藤忠、新日鉄を回っているよ。社内じゃ五歳ぐらいしか違わない奴が常務で、クビだっていっているから一二月までかもしれない」

南米の海外事業は割に合わないプロジェクトとなっているようだ。そこで一発逆転を狙っているのだろう。また土木が専門ということは地球にメスを入れ、改良あるいは改悪することなのだから、大規模な仕事を狙うのは当然だったかもしれない。この点はぼくと考えが違っていた。

当時、海外プロジェクト、とりわけＯＤＡに関しては、大規模のものよりも小規模の予算が四、五千万円でも、質がよければ、自立的に発展することを知っていた。九八年にＪＩＣＡで評価業務に携わったときに評価対象となったホンジュラスのミニプロジェクトによる漁業援助がその例だった。専門家によって漁民のエリート集団を作るやり方が成功し、それは全国に広まり漁業組合が作られる発端となった。逆にチリの貝類養殖プロジェクトでは一〇億円以上使い、一五年も技術移転を実施したが、零細漁民はむしろ貧困化したのである。漁業域を養殖企業に占有されたことが大きな要因でもあった。けれども養殖技術は定着し、企業も増え、重要な輸出産業にまでなった。派遣された日本人の専門家は勲章までもらっている。すべてがうまくいく援助もすべて失敗する援助もない。

「この年になったら怖いものはないよ。怒るばかりだよ。コンサルにも外務省の若いのにも。みんな二年おきで代わっていくからね。会社はだめだよ。あまいよ。おれは最後の侍っていわれているよ。みんな小役人だし。とりわけ現場に出ないやつはだめさ。土方と同じことしなきゃ、若いのもクビだよ。それじゃみんな潰れるよ。現場でやったことないんじゃ。経験しなきゃ。おれはこの年でもやっているよ。部下にもコンクリート触れっているよ。そうじゃないやつはクビだよ。温度は六〇度ぐらいあるからね」

現場重視というのはぼくと同じ意見である。二〇〇八年からベネズエラのプラント建設現場に資材機器輸送の責任者として勤務したが、その部門の正社員はあまり現場を知らないといっていた。机で書類を作ることに忙殺されるという意味である。また、最近外務省のある国の援助政策のために大使館に勤務するための面接を受けたが、参事官は「現場に強そうだけど、現場の仕事はないよ」といわれたことがある。現場を知らないということは、現実を知らず、適切な予測も立てられない。まともな援助政策など作れない。現場はＪＩＣＡにお任せなのかもしれないが……。

この点で思い出すのは、二〇一一年の福島原発事故である。菅直人首相は現場に向かう。それは非難の的になった。あのとき逆にぼくはあっぱれだったと思った。周りは信頼のできない原発村と東電に占められている。情報は信じられない。そんなときは現場に行って我々はただの通りすがりだったのか？

自分の目で見るに限る。政治的な意図があって、菅直人の現場視察は、報道でも否定的に報じられた。だが現実は違う。

「チョチスでもおれはずっと現場に出ていたよ。線路の敷設、コンクリート打ち、橋梁の土木。コンクリート打ちは質的に問題ないけど、打ってから使う場所まで早急に行かなきゃならないから、そこが大変なんだよ。だから一二番のリモンシートは現場にバッチャープラントを作ったんだ。線路は二人、日本から雇っていたよ。おれが『現場出てやれ』っていうんだからやってたんだよ。おれは現場に行っていたのに、高瀬さんは『なんで大成の社員がオフィスにいないんだ』っていうのさ。そりゃおかしいよ。自分で経験しなきゃだめだよ。だから合わないんだ。あのひとは出世したけどね。柳沢なんかもうまくやったんじゃないの。オフィスにいて。まあ杉沢は技術者って感じだったけど」

山岸の話では柳沢が出世したという話は聞かない。

「おれはコンサルのＪＡＲＴＳの人間と仲良くしていたからね。大成はいやだったみたいだけど。いいものを作るって目的だからいっしょにやればいいのに。鈴木さん、佐藤さん、この人も現場のドカチンだから合ったよ、中島さん。これは確かじゃないけど、上の人かなんかが高瀬さんと同じ大学かなんかで、だから合わない鈴木さんを交代してもらったようだよ」

ぼくもさほど付き合いはなかった。ＪＡＲＴＳは、施主と施工企業との間に立って現場に入るコンサルタント企業である。大成は設計変更や出来高についてはＪＡＲＴＳの承認を得る必要があった。ぼくはその書類の翻訳のために、豊島のいる実験室にもよく顔を出し、コンクリートのための土質についてあれこれ説明を受けた覚えがある。だが、来てくれというのに会えないことも多々あった。豊島は一時たりともひとところに留まらず忙しく大股にあっちこっちに動いていた。独断専行のところもあり、工事長の山岸を「なにやっているんだ、豊島は！」などと慌てさせていた。山岸は「豊島は偏屈だからな」と称していたし、大成では浮いた存在だったのかもしれない。そのかわりボリビア人とは親しくしていた。また、ぼくも豊島に誘われて近くの川の温泉にいっしょに行った。

この夜はしたたか食べて飲んだ。その後、何をどう話したかほとんど覚えていない。ただ、彼の言葉が気に障（さわ）ってカチンときたことがあった。

「命がかかっているから。オフィスと違って」

というのである。

ぼくは誤解した。配下の作業員に殺（や）られるってことか？と。

「オフィスだってクビにしたら逆恨みされるとか」というと、

「やつら、クビになるのは慣れているから、問題ないよ」

彼はレンが最後は脇にピストルをおいて給与を支払っていたのを知らない。

オフィスは悪で作業現場は善と極端に考えていたらそれは違うだろう。先の菅直人の場合と違い、現場の人間たちが信頼できるならば、所長のような位の高い人間が顔を出すとうっとおしく、かえって作業の妨げになるかもしれない。

ぼくは豊島の言葉を誤解していた。彼が考えていたのは安全管理のことだった。

「ボリビア人は自分のことだけ思っているけど、一人がミスしたりしたら、他の人間の命がないわけだから。今は事故で人が死んだりしたら、それこそ指名停止。安全対策が一番だね。そういう現場じゃなきゃだめだよ」

人と人のコミュニケーションは難しい。チョチスの現場でも初めて出会った者同士の言葉のやり取りは、だれもがうまくいかなかったことを思い出した。

随分遅くまで飲んだのかもしれない。家にはタクシーで帰宅した。そのとき豊島にタクシー代を渡された。タクシー代はシンクタンクに勤務していたときに、学者に渡したことはあっても、渡されたことない。渡されるいわれもない。返そうと思い、再度豊島と会った。

五日後の七月一五日の午後三時だった。今度はぼくのテリトリーである西日暮里で落ち会った。

「きのうダム屋と飲んで、朝二時までで二日酔いだわ」

彼はさっそく駅横の薬屋により二日酔い緩和のためのアンプルを飲んだ。妻といっしょに九州旅行にも行っていたという。

「これから新潟に行くんだよ。六時半までには行かなきゃ。ホタルイカを食べに来いっていうんでね」

日本にいても忙しく一時もひとところに留まらない。上野か東京で上越新幹線に乗るのだから、時間を節約するためにタクシーを拾い町屋に向かった。話好きな運転手が「ここは水泳の北島の家、ここには鶴太郎、ここにはたけしの実家でいまは兄貴が住んでいるよ。あと「笑点」の右から二番目の人がこっちにいるよ」と説明してくれる。誰が住んでいるかで町の雰囲気がある程度わかる。

行きつけのもんじゃ焼き屋へ入った。日本人でももんじゃ焼きを知らない者は多く、海外派遣で親しくなった者や、マスコミ関係者と飲むことがある。

その日は開店時間を早めてもらっていた。えびもんじゃ、えびやきそばもんじゃなどを注文した。豊島はもんじゃ焼きを食べたことはないといった。

ぼくは豊島が鉄道建設とかかわった期間について確認した。

「おれがボリビアに入ったのは、八五年の九月、そして八八年の最後のメンテナンスまでいたよ。以前あった駅のところに、フルビット（＝フットサル）場とバスケット場を作ったんだよ。なんどか検収があって、サンタクルスに高瀬さんと一年留まった。イトウさん夫婦とことみさんを雇ってね」

豊島は日建の福森とともに先陣を切ってチョチスに入った。山岸が「豊島は奄美の出身だから大丈夫だろうって、入れられたのさ。ひどいもんだよな」とぼくに軽口をたたいたものだ。

「最初に村に入ったときは何もなかったよ。下宿しても何も食ってなかった。オレンジとユカイモぐらいかな。あのときは、日建の六〇代の福森さんが、本妻じゃないけど三〇歳ぐらい年の離れた女と子供をつれてきていて。隣部屋が家族なんだよ。そんな体験ないからまいったね」

豊島は大成日建の事務所、食堂、日本人宿舎、ＪＡＲＴＳやＥＮＦＥの宿舎を作っていった。

「ブラジルのクリチーバからルイスを雇っていたよ。二棟前後に立てて間仕切りで、二段ベッドを入れたんだよ。平米あたり五〇ドルで高かったな」

ぼくがチョチスに入ったのは、それらの作業の終了まじかのころだった。ルイスとはポルトガル語混じりのスペイン語で話した覚えがある。フットサルがうまかった。

「仕事は面白かったよ。難しいのは五番と六番ぐらいかな。ＪＡＲＴＳは、技術移転の観点から橋もカーブしているのを二つ作ったんだよ。これは測量が難しい。わずかに狂ってたけど、施工でカバーしたよ。スクリュードライバーを使うのも初めてだったんだよ。犬釘では、ヤクイバから取り寄せた枕木のケブラーチョが入らないんだ」

犬釘はレールを枕木に固定し、レールの浮上りを防ぎ正確な軌間を保持する釘のことである。

山岸はボリビア人の技術力をかっていたが、豊島は意外にも別の点で評価が低かった。

「おれはなんにもないナイジェリアに四年もいたからね。だから海外には慣れている。石油があってもプラントがないんだから。そのあとは、インドネシアとフィリピンだよ。フィリピンはルソン。イメルダの実家があるからって、水道を敷いたんだ」

一般に人は自国と他国を比較するものだが、海外事業部に属していると、赴任地同士の比較となる。とりわけ最初の任地の影響は大きい。

「ビアフラ戦争（一九六七〜七〇年）のあとだったな。ナイジェリアは労働者は貧乏だったけど、すなおでよく働いたよ。キリスト教徒のイボ族の地域にプラントを作った。ナイジェリアはへんなプライドがあるし、仕事辞めても自給自足でいいやってとこだから。裏切られてあんな石を投げられるようなことはなかったよ」

ナイジェリアについてはいい噂を聞いたことはなかった。何事も経験者に聞くものである。個々人は別々の体験と感想を持つ。

「ボリビアは借金踏み倒しだよ。五〇〇億円以上踏み倒したので、ＪＢＩＣはもう資金を出さないよ。ビルビル空港の金も返していない。一年おきで政権が代わるんじゃだめだよ。ボリビアは下と上がいつも喧嘩しているから。政治家は昔から鉱山関係が強いから、アルティプラーノの人間だし。でもサンタクルスのほうが景気がいいし、天然ガスが出て、それで今度パイプラインがブラジルとつながればもっと発展するよ」

ボリビアは毎年のように債務が免除されている。もともと日本国民の税金なので、それが日本企業に還流されるならば、完全に無駄になったわけではない。けれどもバブルのころは日本の黒字が問題となった。アメリカの圧力もあり、外務省はＯＤＡの資末機材などは海外調達をむしろ促進するようにコンサルタント会社を指導していた。タイドからアンタイドを進め、海外企業の製品の納入を認めるようになった。それは国際的にも変な話で、日本企業が職務を果たせる限りは、日本企業を優先するのがあたりまえである。

豊島はボリビアのラパスに、山岸が言及した水道関係の事業で九一年までとどまった。

「そのときはマグネ、カリブモンテ、テレサを雇ったよ。大久保も。奴は凄い太っているよ。高宮（仮名）も雇ったけどクビにしたよ」

大久保は若い日系人で倉庫の管理を担当していた。フットサルのボールの扱いが実に巧みだった。豊島はボリビア鉄道の職員とまだ付き合いがあるという。

「いまもアルセ（現場の責任者）さんとコルドバには会うよ。アルセさんはすぐ辞めたけど、コルドバはまだ鉄道にいて偉くなっているよ。ほら、あの頭のいい男だよ。白人のインテリの」

記憶をたぐりよせ、ぼくはやっと思い出した。コルドバはアルセの次の地位にあり、ぼくとも仲良かった。アルゼンチン国境に近いタリファ州の州都の出身だ。タリファは人種は白人系が多く、ワインの産地で文化的にもアルゼンチン風だった。ぼくが最初の休暇で訪れたのはこのタリファだった。彼の家族はコルドバが不在なのに、ワイン、焼肉、タンボール（太鼓）で歓待してくれた。当地の伝統的な激しい踊りのクエッカ・チャパキータを踊らされ、したたかに酔った覚えがある。それ以来、絶妙な味のタリファワインをボリビアでは飲み続けた。残念ながら日本には輸入されていないようだ。

ボリビアは地域によって民族も多様だし、文化もずいぶん違う。この二〇〇五年末にはボリビアで史上初の先住民出身のエボモラレスが大統領に選ばれている。日本よりも一〇数年前に新自由主義と決別し、外交政策も親米路線から、反米の急進左派であるベネズエラ、キューバとの関係重視へと転換した。脱植民地化の象徴として天然ガスを国有化した。しかしガスは低地のサンタクルス州で産出される。

「サンタクルスはますます独立したいっていっているよ。ガスが出て景気いいし、それに、ブラジルと結ぶ道路もコルンバ―プエルトスアレス―ロボレ―リモンシート―チョチス―サンホセまでがあと二年ぐらいで完成するよ。するともう列車は不必要になるのかもしれない」

そこまでいって、豊島は感慨深げに話した。

「まあ、チョチスの仕事は技術的にはうまくいったし面白かったよ。脱線の写真もみんなとってあるよ。始終脱線してたからね。一〇〇回ぐらいか。あんなの簡単に直すことができるんだよ。これもあれもすべて日建のところに記録が残っているよ。技術的には面白かった。でも……」

長い沈黙があって彼はいった。

「結局だめだな。おれたちは通り過ぎていくだけだから」

プーラがいった言葉そのものである。

「あなたは行ってしまうわ。それで私は？」

通り過ぎるだけ――それは海外部門に属している人間の宿命である。二年、三年、四年と駐在しても、現地にたとえば日建の三人のように結婚して骨をうずめない限り、仮初(かりそめ)の存在なのである。駐在ならばまだいい。たとえばコンサルタントの海外調査はせいぜいひと月ほどで、それを三度ぐらい繰り返しても一年に満たない。それを基にしたり顔でレポートを作るのだ。

しょせんはその地にわずかな痕跡を残していくだけである。ぼくもそのときは何も言えずに押し黙った。

けれども、今考えなおしてみると、建設会社やプラント会社ならば仕事は残り、その国に役立つ。大成日建が作った鉄道も、二〇年弱でどれほど多くの人や商品を運んだのか計り知れない。商品を買い付けに行く先住民、出稼ぎのためにブラジルに行くメスティーソ、大学に留学する若者、国境でよからぬ商売をするコカインの売人、日系人が栽培した輸出穀物、ボリビアにはないブラジルからの機械類、数え上げればきりがない。ボリビア経済にも大いなる貢献をしているのだ。

中には脱線中に新たな恋人と知り合ったかもしれない。それらの人々には悲喜こもごもがある。さらにぼくの経験だが、イスラム開発銀行に雇われて「国際リース会社設立計画」のF／S作成のためにサウジアラビア、トルコ、マレーシアを訪れて調査し報告書を提出したことがある。それは五人ほどのチームで一カ月程度の現地調査に過ぎない。けれどもその数年後、ブックフェアでサウジアラビアの書店の人間と話したところ、イスラム諸国でリース産業が広まったのは、あなたたちのおかげだと感謝されたのである。

豊島と話したあのときは、そのような考えを持つには至らずに、チョチスの時が止まったような村と、知り合ったボリビア人や日系人やブラジル人の顔々が脳裏をすべっていったのだった。

第12章 あの仕事はほんと面白かった

もう一度、海外の現場で働いてみたい。

友人たちと裏山の滝までピクニック。アマゾンは楽しい。

柳沢が赴任したのは三八歳、取材時は五六歳、杉沢はそれぞれ三七歳、五七歳である。二人とは二〇〇五年五月一二日に新宿のスペイン料理店で会った。なぜ二人いっしょかというと、ぼくには二人はセットになっていた。三人セットといってもいい。その理由は、カーニバル観光でリオデジャネイロにいっしょに旅行をしたからである。

これまで娯楽についてはほとんど書いていないが、さすがに陸の孤島のようなチョチスにとどまっているだけではストレスが溜まる。土日さえ働くことが多かったので、振替休日を貯めて国の内外を旅行した。年末年始、カーニバル、セマーナ・サンタ（聖週間）は当番に当たらない限り休暇である。ぼくは、国内はサンタクルス、タリファ、コチャバンバ、オルーロ、スクレ、ポトシ、ラパス、日系人のサンフアン移住地を、ブラジルはサンパウロ、リオデジャネイロを訪れた。リオは仕事を含め二度、三度と訪れることになった。近場では、裏山の滝つぼにボリビア人たちといっしょにピクニックに行ったし、ロボレの隣のアグアス・カリエンテ駅のすぐそばの天然の広大な川の温泉に浸かったりした。

村の中ではスポーツはフットサルがあったし、日本人向けにはテニスコートが作られていた。柳沢や今関、総務のファンとは日曜の午前中によくテニスに興じた。食堂の隣の娯楽室では、柳沢とよく将棋を指していた。何日も前の日経新聞が送られてきて、読むこともできた。また広場でＪＡＲＴＳを含めて日本人でソフトボールの試合をしたこともあった。

勤務時間は長かったが、娯楽は種々あった。ぼくの場合はボリビア人と日本人の両者に足場があったので、いっそう娯楽の種があった。

日本でも柳沢と杉沢と集まると、必ずカーニバルの話題となった。その当時、ブラジルはハイパーインフレによる景気のどん底にあった。治安も悪化していた。

一九八八年は奴隷解放一〇〇年を記念したカーニバル。それぞれのサンバスクールは、黒人奴隷の時代と現在の状況を皮肉るような歌や出し物が多かった。とりわけ覚えているのは、歴史のあるサンバスクールのマンゲーラだ。会場のサンボードロモでは、巨大な黒人奴隷の男女の顔を左右にしつらえた出し物を先頭に繰り出し、途中に猿轡（さるぐつわ）を嚙まされた黒人像も現れ、Cem anos de liberdade, realidade e ilusão（奴隷解放一〇〇年、現実と幻滅）というテーマだった。夥（おびただ）しい数のパレード参加者が、「自由なんてどこにあるの？　見たこともない。神様に聞いてごらん、黒人だってこの国の富を作ったのに、昔は奴隷小屋、今は惨めなファベーラ」と歌っていた。地響きのような強烈な数百のパーカッションの乱打と美しく哀しいメロディーは、忘れられない思い出としていまだ心に残っている。

それだけではない。

「あの旅行は面白かったね。サンパウロの運転手、リオのホテルの場所わからなくて、おれたちのほうがわかったよね」

「最初に交渉したけど、一五〇ドルで。東京—大阪間ぐらいあったな。ブラジルは治安悪かったね。小さい子供に囲まれて、ポケットに手を入れられて、時計は取られるわ。その点、ボリビアは夜でも街を歩けて安全だったし、人もよかったな」

特別な冒険旅行だったのはわけがあった。国境の街のコルンバから飛行機でリオに飛ぶはずだった。ところが航空会社の職員が給与上げろのストライキを起こし、飛行機がキャンセルとなった。急遽バスで数十時間ゆられてサンパウロに出、そこからリオまでタクシーを飛ばした。帰国時にもおまけがついた。ボリビアの国境のパスポートコントロールの係官がわざと入国スタンプを押さなかったのである。日本帰国時に不法滞在として、一日一ドル前後の罰金を取られることになった。しかも数カ月後、飛行機の切符代金が帰ってくることになったが、ブラジルの通貨価値は減価していて、二束三文なので受け取らなかった。そんな思いもかけない出来事に見舞われた。けれども予想外の出来事こそが旅の醍醐味なのである。予定調和はつまらない。杉沢はボリビアとラテンアメリカが好きになった一人で、家族でラパスを訪れている。マチュピチュ、リマ、ブエノスアイレス、そしてイグアス、リオにも行っている。

「ペルーのクスコは、旅行社が来てなくてこまっちゃったよ。ホテルもなくて。コンファームしていないとかいうのさ。観光ツアーにふっかけられて一日一〇〇〇ドルもとられた。ブエノスでもタクシー運転手に騙された。その点、ボリビアは人がいいよ。サンタクルスは夜中歩いていても問題ない」

妻は杉沢以上にラテンアメリカが好きになったようで、毎週スペイン語の勉強に通い、スペインが国をあげてやっている語学試験の資格まで取ったそうである。

「この前、かーちゃんがいろいろ旅行の手配をして、メキシコ行ってきたよ。楽しかったね。HISで八日間。二〇万円。アメリカ経由はテロ対策で大変だったな。全部、開けられちゃって。かばんの中も。ライターやマッチとかもチェックで大変。メキシコも治安は悪くないね」

メキシコは今も治安が悪いと噂されるが、それはコカインとかかわっている人々の間だけのことで、旅行をするには、ラテン文化のすべて――ピラミッド、コロニアル風の街、先住民文化、カリブ海――と揃っているのでお勧めである。

新聞やネットで伝わる情報はほんの一部でしかないし、メタバースの経験は現実ではない。自分の目で見、その地の空気を吸わなければ何もわからない。このぼくも訪れる前は、アマゾンの小村なんてとんでもないところだろうと恐れていたのである。

けれどもあの時代、地球の裏側の隔絶した場所にあることを今よりも強く意識していたのは確かである。

柳沢はこういう。

「新聞が何日も遅れてきて電話も通じなかったし、日本に手紙を出して戻ってくるのが一カ月半後ぐらい。返事が来ると、なんかとんちんかんなんだよね。あれ、なんでこんなこと書いたっけって覚えていなかったり。でもそれはそれでよかった。今ならインターネットで即だけど」

そういう柳沢がボリビアに赴任した経緯は？

「おれはね、土木が専門で海外事業部にいたんだよ。あのときは別のとこに行く予定だった。伊藤忠がからんでいてアルジェリアの地下鉄。石油代金で工事費を払うはずが、うまくいかなかったんだね。宙に浮いちゃった。海外一度ぐらい行けよってことで、ボリビアの仕事が回ってきたのさ」

チョチスでは、ぼくは柳沢が作った図面や書類を、製図係のパブロと協力してスペイン語版にしていったものだ。パブロはカトリックではなく、エバンジェリスト（福音派）で、酒もたばこもやらない信仰に生きる、どちらかというと低地のボリビアには珍しい少し陰気な男だった。山岸は、柳沢は現場よりも製図を作るようがうまいと称していたが？

「現場に出ていたよ。みんなやったことないから。最初は自分でやってみせた。とくに最初の頃はね。とりわけ測量は、日建のひとたちも日本の最新レベルはないんだから、若くて行っちゃっているから。橋が一番心配だった。基礎があって桁を載っけるけど、橋台と橋脚の位置を正確に出さないと。それを決めて、ブラジルのカンポグランデでイシブラスに作ってもらった橋をのっける」

前述したチリの貝類養殖の専門家は「行って見せ、行ってもらうマンツーマンの方法で繰り返し実行し、時とともに技術を習得、感謝と奉仕をモットーに誠意をもって実施する」とJICAに送る定期レポートに書いてあった。もともとその専門家には山本五十六の「やってみせ　言って聞かせて　させてみて　誉めてやらねば　人は動かじ」が念頭にあったのである。

「ケーソンも難しい。ぴたっと決めるのは。地層の強度は一定じゃないからどっちかに傾いたりする。予想外のことがある。高橋建設の高橋さんが活躍してくれた」

橋桁も線路もケーソンも大成建設だけではできない。線路は、名古屋の名工建設の石川と近藤である。

「でも仮線は脱線多かったな。砕石は材質がいいけど、量が足りないから土で押さえたんだよ。すると、雨降ると線路が動いちゃう。山岸、豊島から指示が出て脱線を何度も直したよ。一度、カンパメントの前でサンタクルス側から入ってきたミクスト（貨物・人混合列車）の大脱線があった。線路のカンビオ（交換機）がなんかの拍子に動いちゃったんだよな。本来は本線に入らなきゃいけないのに、副線に入ってきて。あれ、あぶなかったんだ。モーターカーつぶれちゃって。近くにいて、うかうかしていたら大変だったよ。モータ－カーに乗っていたオペレーターは危うく逃げた。いいかげんだよな、あの国は。そうそう大雨のとき、現場から無線入れて止めたんだ。九番のそばに二つぐらい小さな橋があったけど、そのときに仮線が流されそうになって。コルンバのほうへ。もうだめだ！　それでチョチスの駅に二日半ぐらい列車を止めていたんだから。どうにか仮線を復旧させるまで。

オペレーターは命からがら逃げ去った（杉沢氏提供）。

そんなに列車止めていたら日本だったらえらいことだけど、未然に事故を防いだって、むしろ感謝された」

列車は脱線、大雨、ストライキなどでよく止まった。スピードも遅いので日本のＪＲ福知山線脱線事故のように一〇〇人も犠牲になることはない。

ぼくも橋の上で列車が脱線したことがあった。鉄と鉄が軋み合うぎぃーという断末魔の叫びとともに女性たちの悲鳴が上がり、棚からはばらばらと荷物が落ち、列車はやや傾いて止まる。それから数時間、あるいは半日、一日と列車は復旧するまで動かない。脱線を聞きつけ、近くの村から、オレンジ、グレープフルーツ、チーズ、エンパナーダ（小麦やトウモロコシの生地に牛肉、ソーセージ、魚などの具を包んで揚げたもの）などを子供や女性が売りに来る。乗客の間や村人との交流が始まる。なかには脱線で恋人を作る若者もいる。用意周到の山岸などは脱線に備えて蚊取り線香を持参していた。

唯一危険な脱線にあったのは、今関とレンだった。二人はブラジル国境付近で列車と衝突して脱線。彼らは無事だったが死傷者が出た。

柳沢は話を杉沢に向けた。

「オペレーターは大変そうだったね。経験がなくて技術者がいなかったもん」

「おれの記憶では、三〇人ぐらい代わったな。何度も募集をかけたよ。ボリビアはクレーンがないから経験者が少ない」

メカニックの杉沢はボリビアに赴任する前は横浜支店に勤務していた。専門は機械と電気。土木系の人間が多い中で、超然としているのがメカだ。

「最初に教えて練習して、一週間後にテストする。その間日給を払うんだけど。最後までいいのがいなかった。オペレーターを次々にクビにして、ほんと養成するのが大変だった」

一度事故があった。斜面でバックフォーが転倒したのである。

バックフォーとは、油圧ショベルの中でも、ショベル（バケット）をオペレーター側向きに取り付けた建設機械。地表面より低い場所の掘削に適している。道路工事や解体作業などでよく見かける。もちろん日本では免許が必要だ。

「日建から連れてきた運転手だよね。ひっくりかえして、どこかに逃げちゃって。あれ怪我しなくてよかったよ」

もう一度、海外の現場で働いてみたい。

運転手は建機の中で転寝をしていたらしい。バックフォーのアームは折れてしまった。半日ほどして極まりの悪い顔をして運転手は現れた。

「バックフォーが壊れて、ひと月ぐらい使えなくて大変だった。高瀬に文句言われたよ。キャタピラーの技術者を呼んで、チョチスまでわざわざ来て直してもらった。建機は何台かあったけど、直しても壊して、直しても壊してだったね」

現場では修理できない場合はロボレの修理工場に送った。杉沢といっしょに何度となくロボレの修理工場を訪れたものだ。

建機にはもうひとつ難しい点がある。ボリビアは海がない内陸国（デッドロックカントリー）である。日本やアメリカから大型の機械を輸入する場合、ブラジルのサントス港にまず揚げる。そこから国境まで二日かけて陸送する。途中橋幅が狭く、通過できないので、上下を調整できる油圧式のトレーラーに載せねばならない。建機を橋の左右の桁よりも上げて通過したのだ。

「それはフォアーダー（通関・輸送業者）に頼んでたけど。おれは輸送の状況を見に一度だけコルンバまでは行ったことがある。そしたら、コルンバからキハーロの間の木の橋が渡れないんだよ」

今度は重量が重く、橋ごと落下する危険があったのである。

「それでトレーラーからクレーンを下ろして、時速五キロで自走したんだ。途中でトレーラーに載せてキハーロまで行った」

四〇℃近い猛暑の中、遅速で動くのは耐え難い。ぼくは暑いカタールやベネズエラで超大型の重量貨物の輸送に携わったが、トレーラーといっしょに歩いて監督・管理するのはなかなかの労苦である。

「オペレータはひどかったけど、あの給料の高い唯一ドル払いだったメカニックは覚えているでしょう。技術力すごいね。経験とセンスだと思うけど。日建の三人がいっていたけど、エンジンばらして箱の中に全部入れちゃう。そして組み立てても部品一コも残らない。全部覚えている。頭に入っている。たまげたね。ジェット機のエンジンも扱える。名簿があれば名前思い出すけど」

ぼくも名前は忘れてしまった。ずんぐりむっくりした身体つきで、頬ひげを生やし、ぼくと物陰でこそこそ話すときはいつもニコニコしていた。なぜならば給与値上げの交渉だったから。

「庄司さんが『辞められちゃこまるし、でもあんまり上げてもこまるし』っていうのさ。今関さんは『あんな高くしておまえいいのか』って所長にいわれたけど、給与あげてくれてたすかった。あのメカニックの給与はまずいので、レンにも秘密だった。給与支払いはレンに任せていたから、ちゃらんぽらんだから山岸さんもいらいらしていた」

柳沢が口をはさんだ。

「山岸さんはきちんきちんとやるから、海外向きじゃないかも。でもああいう人も必要だよ」

「今関さんとは対照的だよね」

「でも今関さんが所長では難しいのでは、締めるところがないと。今関さんの英語もなかなかすごかった」

レンと話すときは日本語交じりの英語なのである。

二人に印象に残っている人間を聞いた。

無線で交通整理をしていたケンゴかな。ほんと、ちゃらんぽらんだった」

深浦ケンゴは一〇代だったのではないか。いつもイトウのおばさんに意見されていたが、早々解雇され、他の日系人と代わった。日本人には存在しないほどいいかげんだったので、柳沢にも杉沢にも印象に残っているのだろう。

「カリブモンテも印象に残っているね」

元軍人で司令長官なのだから、建設会社にいるタイプではない。彼は村人が所有している豚をライフルか自動小銃で撃ち殺し、平らげたことがあって問題になっていた。

「ＥＮＦＥだと、日本通の年配のカスティージョさんとか。アフロヘアのバルバドやほっそりした色白のコルドバとか。いい感じの人だったけど、二人とも技術は隠していた。日本だったら職人も教え合うけど、向こうは仲間に教えない。みんなライバルだから」

技術が共有されたり継承されなくなるということだが、現状の職場環境の日本ではどうなっているのだろうか？　ぼくはカタールのプロジェクトで若い日本人が必要な情報を意図的に隠していたのに気が付いたことがあるし、ベネズエラでもインド人社員が必要な情報を隠匿していた。

杉沢は日系人の福原や原田と、ENFEのローコ（あだ名で気ちがい）をあげたが、ぼくには印象が薄かった。それぞれ職務が違うので付き合う人間も違う。

杉沢は懐かし気に目を細めて遠い記憶に思いを馳せた。

「でもあの仕事は面白かったな。行きたいね。どうなっているか見てみたいよ。もう一度別世界で働きたいな」

同質的な日本で働いていては驚きもなく、つまらないのである。

「よく二年間もいたよ。中身が濃かった。面白かったね。現場は」

まさに邯鄲（かんたん）の夢である。時はあっという間にすぎ、過去は取り戻せない。杉沢の頭はもう真っ白だった。

「おれはあと三年で、杉沢さんは二年半」

二人とも定年が迫っていた。

「旅行でもして楽しまなきゃね。柳沢さんは六三まで大丈夫でしょう」

「おれは最後まで働きたいね。今は、雇いなさいって方針変わるから。でも給与は低い。世間から見ればまーまーなんだよな」

二人はまさに団塊の世代で大企業のサラリーマンなのだから、世間では恵まれているほうだ。

チョチスにいた当時を思い出してバブルのときに株で儲けたのでは？と話しを向けた。

一九八六年に三〇〇円前後だった大成建設の株は、一九八九年には一九〇〇円をつけ、六倍以上になっている。自社株を持っていて売り抜ければ、それなりの収入になる。年金に頼れないぼくも社会に出てから、余った資金はずっと株式で運用している。生活費が足りないときは株券を担保に現金を借りることもある。

柳沢はいった。

「あのころは上がったね。でも株だったら少なくとも二〇〇〇万円とかなきゃ。コンスタントに稼がなきゃ。五〇〇〇万円とか一億なきゃ儲からないよ」

残念、少額投資家ではたかがしれているということだ。そして彼は締めくくるようにいった。

「やっぱ会社にいなきゃだめ。でも、おれなんか出向しているから、このやろう、ふざけるな、っていうのがある」

第13章 イラクに比べればボリビアは最高にいい国だった

幸せな仕事人生を全うする秘訣はどこにある？

誕生日は盛大に祝い、生きていることを祝福する。

今関紀年が赴任したのは四五歳、取材時は六五歳だった。会ったのは、二〇一五年一〇月一三日、夕刻の大崎。大崎で会ったのは理由があった。今関は一四年もの間、大崎の再開発に従事していた。それは大成建設の事業としては最も脚光を浴びているプロジェクトの一つだった。ぼくはめったに大崎を訪れないが、以前の古めかしいイメージとは全く違い、映画の『未来世紀ブラジル』を思い出させる煌（きら）びやかなビル群に占められていた。すでに定年退職していた今関は、自身が携わった事業をぼくに見せたかったようだ。

「土地の買収からやってね。区画整理で、最初は大成の部分はなかったけど、どんどん広げていったんだよ」

今関はこだわりのない人柄なので、他者から好かれ信頼されたのだろう。

喫茶店で話を聞き、その後、再開発事業の地権者でもある寿司屋で飲んだ。女将とは久しぶりに会ったようだった。寿司屋からは西洋風の綺麗な噴水が見えた。

「あそこは結婚式をよくあげるんですよ」

今関にとってアマゾンの仕事よりも、大崎の再開発こそが仕事の杵柄（きねづか）だった。

「オレは過去は振り返らない。次は何、次は何だから」

こうもいった。

「おれは運がいい。いいかげんだけど。大成建設に入って」

今関はサラリーマンライフを全うしたのだ。

彼は作ったメモ書きと彼の友人が書いたイラクについての書籍を持参してくれた。

「おれは昭和五六年（一九八一年）にイラクに呼ばれて行ったんですよ。この本の著者は長らくイラクにいてその当時の雰囲気が出てますよ」

豊島が以前の赴任地とボリビアを比べていたように、イラクと比べて話してもらうほうが話しやすいし、その特色がより明確になると思って、前もって電話で依頼したのである。

また二〇〇三年にイラク戦争が勃発し、個人的に並々ならぬ関心があった。つきあいのある新聞社から特派員として赴任しないかと打診されたことがあった。自社の記者は命の価値が高いので、戦争報道はフリーランスに限るわけだ。中南米だったら行ったかもしれないが、「アラビア語もわからないし、コーランも読んだことがない。まともな報道はできないでしょう」と断ったが、「なに、ヨルダンにいて英字新聞を読んでいればいい」というのだった。

これは戦後だが、個人登録していたコンサルタント会社のオフィスに出向いたとき、たまたま関西の大手鉄鋼の関係者がイラクに行く若い鉄砲玉はいないかと探しに来ていた。フセインの息子のウダイ、クサイ兄弟が戦死したときには、イラク駐在経験者たちで祝杯を挙げたという。彼はこういっていた。

「彼らには工事費を五億円値引いたらおまえに三〇〇〇万円リベートをやるとか、断るとパスポートを没収されたり、日本の家族の安全を脅かすとほのめかされたり、ひどかった。ある日、ガスの匂いがするのでクルドの村を訪れたが、なんらかの神経ガスで村人が全滅していた」

あの当時日本はイラクに対する世界一の債権国であり、七〇年代後半〜八〇年代は多くの建設会社、商社、エンジニアリング会社がイラクに進出していた。空港、高速道路、発電所、学校、革命広場に至るまで日本が作ったのである。一九七九年には日本の建設関連企業は全海外建設受注額の半分弱の二四〇九億円をイラクで稼いでいた。オイルマネーが唸っていたのだ。ODAも有償で二一三・七億円、無償はUNICEF経由で四・〇五億が出ている。けれどもイラク戦争後、八〇〇〇億円以上の債務を軽減している。

今関もそんな時代の中、イラクに六年ほど駐在していた。

「ボリビアと比較なんてできないよ。ほんと、あんな国なくなっちゃえばいいと思うからね！」

吐き捨てるようにいう。残念ながら多くのイラク駐在者の本音ではなかろうか。金と石油のために日本企業は押し寄せたのである。

「日本は学校や病院を随分建てた。かかわったのは日本の支援で五つの都市に四〇〇人の患者に対応できる総合病院。そのうち大成だけで三つ。バグダッド、モースル、ドホーク。社会主義だから都市の人口は無視して同じものを作った」

そのうちのいくつが戦争で破壊されたのだろうか？　日本は第二次大戦後は、他国の戦後の再建に尽くしてきた。旧ユーゴスラビの紛争でもそうだ。ぼくのいた旧CRC総研でも、旧ユーゴやパレスチナに調査に行っていた。病院や学校の建設が先決だった。それが戦後の日本の国柄だった。破壊ではなく建設、敵対ではなく友和。

一方、アメリカは戦争・破壊が得意なので現地からは当然嫌われる。一般のアメリカ人は海外旅行が安心してできる地域が限られている。中東では、すぐCIAの手先かなどと思われる。日本はアメリカ人に友好的だが、多くの国で嫌われているのだ。気の毒でもある。軍を使わなければ弱腰となじられ、戦争をするとまた批判される。

イラクも人に好かれている国とはいかないようだ。

「丸紅がメインで、機材を供与して専門家が指導するけど、長続きしない。どんないい道具があっても使いきれない。病院も何のためかと思うね。いろんな人種の集まりで、仕事は何もしないで、まったくインシュラー（神におまかせ）で終わり。ボリビアよりもずっとひどい。役所やカウンターパートのところには、書類がうずたかくたまって、それでその中から処置してほしい書類を見つけて一番上に出して、これだっていってもダメ。次の日も暑いから二時で終わりだから。原因は何かっていうと、イラクはハード。暑すぎるし食い物もない。サンタクルスだったら、毛布があればいい、衣類はたいしていらない、パンはめちゃくちゃやすい。家だって、木切って作ればいい。ジュースだって果実をとればいい。衣食住に心配ない。ハイパーインフレの中で、お金を使わないと損。明日を心配する必要がない」

ボリビアのチョチス、サンタクルス、国境のキハーロやプエルトスアレスもじりじりと肌が焼けるように暑かった。けれども、サウジアラビアやカタールなど中東の、ナイフが身体を刺し貫くような陽射しとは違う。その後、カタールで勤務したが、夏になれば四〇℃、五〇℃と気温が上がる。ときに秒速二五ノット（約一三メートル）の凄まじい砂嵐に見舞われる。枯れた砂粒混じりの空気に乗って流れてくるのは、クンビアやサルサの楽しい音楽ではなく、モスクからのコーランの一節だったり、礼拝を呼びかけるアザーンの野太い声である。ただカタールは自国民が裕福なせいか人も良く、しかも彼らは外国企業で勤務する必要もない。二〇一二年当時人口一七〇万で、カタール人はたったの三〇万人前後。一四〇万人が外人労働者。カタール人は政府の要職につき、自分の私企業も持つ。だからイラクで今関が直面したような苦労はない。

「イラク人を雇えば雇うほど仕事が遅れておかしくなる。クレームばかりつける。警備員が増えれば増えるほど泥棒が増える。物がなくなったときに、あいつだっていう人がいた、それでどんどん追及すると、そうしたら、おまえもそうじゃないか、おまえも、おまえもと暴露して、事務所の全員が何か盗んでいて、大混乱になった。もうこの話はやめよう！ってなった。まったく人を信用できないのがイラク人だった。ものがある人からない人へやるのがあたりまえで、感謝しない。あたりまえの発想。そういう発想ってわからないじゃない。それに同じ部族だけが味方であとは敵。相手の弱点を見つけることに力を注ぐ。何かあればすぐに処刑だから」

この取材の三年後から私が数年駐在することになるベネズエラは、ナルコエスタード（コカイン政府）として政府が犯罪立国したので、途中から周りの知人で犯罪にあっていないものはほぼ皆無だったし、殺害されてコンクリートに固められた知人夫婦もいた。けれどもさすがにすぐに処刑とはならなかった（「犯罪立国の謎」https://wedge.ismedia.jp/articles/-/9070 参照）。

「ボリビアじゃクレーム三回で労働者は解雇で、彼らも素直に認めてサインをした。それは楽だと思ったね。でもイラクは目には目でしょう。絶対サインしない。自分が悪いというのは、絶対やらない。誰かのせいにする。何十人って解雇しようとしたけど、サインしてくれた人は誰もいなかった。たとえばイラクのサマワっていったら、仕事がないから、それで裁判を起こして、それを起こしても裁判官は決して現地人を悪くすることない。こっちの負け。あるいは、『あなたたちと労務者ともう一度話し合いなさい』と結論を出さない。ボリビアは裁判官はどっちがいいか、きちんと判断してくれる。裁判で認めてくれるなんてイラクではありえない」

「サンタクルスのストライキの裁判でも、データ渡したら、会社のほうが正しいということになった。基本的にはこちらはやることやっているとなった。向こうの要求に対して実績があった。でも安全帽と安全靴を半額で支給しても、彼らは暑いので裸足だったり、ヘルメットは売ったりした。同じ人間が安全靴が壊れたとかなくなったとか何度も訴えてきた。一番こまったのは、お弁当だよ。アルミの箱は、買っても買ってもなくなった。給料は上げたけど、それはインフレに沿ったものだった」

コソ泥は多かった。村の誰かの誕生会などで飲んでうっかりしていると、電池やカセットテープやカメラのフラッシュにいたるまでなくなってしまった。

今関は図らずもイギリスの植民地統治方法の「分割して統治せよ」を意識していたようだ。

「あそこの場合、地元とサンタクルスは対立していたからね。サンタクルスの奴ら総すかんだよ。給料はしかたないとしても、労働条件とか違っていたから、チョチスの奴らサンタクルスの人間に反発していたわけ。おれはできるだけ同じに扱いたかった。地元に力を入れた」

一番割に合わなかったのは、ロボレあたりの出身の労働者だろう。彼らは宿舎をあてがわれなかったので、宿舎や朝夕の食事は自分の負担となった。総務の責任者ということもあるが、今関は村のイベントにはよく顔を出していたし、村人からも好かれていた。

村からの依頼事項も多かった。何度かホイルローダーで村の中の道路を締めて固めた。他に村のサッカーチームのユニフォームの依頼だったり、個人的には誕生日や一五歳の祝いのビールだとか、豚肉だとかをお願いするね、と見知らぬ村の誰彼から手紙が回ってきたりした。それらはきりがないので受けることはなかった。

ぼくが眠っていて役に立たなかった、鉄道での轢死事故について聞いた。

「死んだ、大変だと思ったよ。サンタクルス側の人間で、保険でお医者さんにみてもらって処置して、葬式にも行こうと思ったら、高瀬さんが現地の人間に行かせればいいって。そこでカリブモンテが出た。そして随分たってから、黒い衣装をきた家族が現場に来た。独り者じゃなかった。それで大変だと思ったけど、ほんのわずかなお見舞い金で帰っていった。アドバイスもらって現地の水準で終わった。葬式はコカを回して、噛むんだな。あそこで思い出すのは、人がよく死ぬじゃない。赤ちゃんが。それで棺おけを作ってってって頼まれるじゃない。最初はいい木材、でもあんまり数が多くて、もうありあわせの材料でやったよ」

今関とレンは脱線事故に巻き込まれて危なかったが。

「夜中に出て脱線だね。あの日は、キハーロに着く直前のカーブで脱線したんだよ。正面衝突だった。だって自動車も必ず何台かは事故してましたよ。あいつたちさ、バスでも踊ったりしているから、運転手も。車がいいと得意になって飛ばすから、そりゃ事故るよ」

この事故の概要はキャンプにいたぼくのほうが詳しい。八七年の六月二八日の未明だった。ラピッド（快速）が貨物列車と正面衝突したのである。死者八名、重傷者九名だ。ぼくはそのころ何かで多忙で、レンがぼくの代わりに国境に出張していた。今関も通関や輸送の現場を見ようと思っていたのだろう。ぼくはキハーロ駅と無線で交信して、死者や重傷者の名前を聞いて、安心した。現場のみんなは「どうせ特等席の後ろの車両に乗っていただろうから、死傷者が出たのは先頭の二車両だけのはずだ」と楽観していた。ぼくは日本帰国便で嫌な目にあったので、安全には一層気を配るようになっていた。出張から戻ったレンはいった。

「今関さんは髪の毛が逆立っていたよ」

そんな事故があったものの今関は、

「ボリビアは住み良かった。いいところだったな。怖くないし。治安も悪くないし。夜車乗っても怖くなかったし、でも夕飯は夜一〇時ぐらいで、クラブとか行ってもショーは一二時ぐらいで、肉は噛んでも噛んでも噛みきれなくて、ビニールみたいのくっついているし。そのうち飲み込むもんだといって我慢していた。アルゼンチンの肉とかぜんぜん違う」

ぼくも肉については、和牛をさしおいてアルゼンチンのパリヤーダが世界最高峰だと考えている。ヒレ、ロース、腸、胃、舌、心臓、血とあらゆる部位が出てくる。一昨年イギリスに出張したときに、グリニッジのブエノスアイレスカフェで久しぶりに食し、その思いを強くした。残念ながら日本にはぼくの知る限り本格的なアルゼンチン肉のレストランはない。

「最初はインフレすごかった。でも早い話がドルに換えればいい。ペソを金庫に置いたけど、『もっていかれたらそれでいい。安全のためにとられるなら、いいよ』ってレンやマグネにはいっていた。でも鍵の多い国だった。どれがどの鍵かさっぱりわからなくなった。オフィスのドアの鍵、倉庫の鍵、金庫の鍵とか。銀行もなかったから、サンタクルスからの列車の天井に金を載せていたから怖かったな。そのうちロボレに銀行ができた。保険に入ろうとしたら、金持っているときは必ずピストルを持っている人間をつけなきゃだめ、といわれた。でも思ったより危険はなかった。ナイジェリアで盗難にあって、追い掛けて殺された奴いたし。南米はいいなぁ。人はいいもんな。住み良いところだったな。こんないいところなかったな。でも遠いよね。急行は週三回、六時間乗って、夜中の二時、三時に着く。二両編成だな」

人がよいというのは、国、地域、時代、そして受け取る人によって違ってくるだろう。だが総じてボリビアは人がよいといえそうだ。この五年後にボリビアを再訪したが、ラパスで初めて知り合った中年のタクシー運転手と意気投合し、彼の家に泊めてもらい、その妻と三人で絶壁の道を数時間も車で走り、ユンガスにある彼らの山間の別荘で一泊さえした。他の地域、国ではなかなかこうはいかない。だから、あれこれ短所があってもボリビア他の中南米を好きになる人は多い。

「でも帰国時にひどい目にあったよ」と今関に話しを向けた。柳沢、杉沢、ぼくがわざと罰金を取られた件である。ぼくは腹が立って入国管理の係官を大声で怒鳴ったことがあった。今関は平然として罰金を支払った。

「イラクでは最後になって出されなかったもの。パスポートを三人没収されて。バグダッドの事務長とか三人。おまえたちは機械を密輸したから、罰金何十億だ、と難癖つけられた」

援助は本来、輸入税などの税金は免除される。

「人質だよ。一人ひとり返す。けちつけてなかなか出さないわけよ。最後戦争ぎりぎりになって帰してもらった。嫌な国だな。ボリビアはイラクとは違うよ。自由国家と社会主義と。ましてやフセインだったから。北朝鮮といっしょだろう。それに比べてボリビアはほんと人もよかったし、南米行った人は帰ってきたくないっていうのがわかるな」

ぼくはオフィスで今関が感心してこういっていたのを思い出す。

「子供が重病だったり、自分がお金でこまっていても、笑って明るいもんな」

中南米の真髄は、悲しい歌を明るいメロディで歌うのである。そして生きて生活していることを無理にでも楽しくさせる。そのツールが盛大に祝う誕生日やカーニバルなどの祝祭である。

今関の場合は、ボリビアの前の任地がフセイン大統領のイラクだったことも、ボリビア好きを助長したのは確実である。ぼくの場合、中南米のあとで中近東に赴任したので、もうひとつ馴染めなかった。馴染める馴染めない、水が合う合わないというのは海外勤務の重要な要素となるが、大成建設の場合どのように人選するのだろうか。

「大成の海外部の中に派遣グループがある。その中には、経理、総務、営業、それから資材担当、一部建築と土木がある。事務は海外に席を置いた経験者が多い。技術屋さんは足りないときは、所長も含めてあっちこっちから引き抜いてくる。ボリビアでは山岸、柳沢、杉沢は海外勤務は初めてだった。所長は、インドネシアの経験のある高瀬さんになった。それぞれほとんど知らない者同士じゃないかな」

だからぼくが赴任したころは混沌としていた。責任範囲は決まっていただろうが、得手不得手もあって、三カ月ぐらいでそれぞれの所掌が明確になっていったように思う。今関は日本で肺炎にかかってしまい、代理の者が短期派遣され、赴任時期が予定よりも遅れた。

現地技術者の採用は日建が主に担った。その当時としては大成の社員は少なく、現地の技術者を揃えたのが成功の秘訣だった。日系人と日系企業がある強みだ。滝野のレポートにも「日系企業と移住者の活躍」の欄にこう書かれている。

「海外業務での大きな障害は現地事情の把握不足、語学力の不足から意志が十分伝えられない点があげられるが、日系の現地コンサルタントＥＩＡＣと施工業者日建ボリビアナをＪＡＲＴＳ、大成がそれぞれ用いたことと移住者及びその二世の献身的な協力で、我々の弱点を十分に補ってくれた」

採用でもイラクとはまったく違う。

「それに比べてイラクは、採用するためには、あるところを通す。その人間はスパイのようなもの、あることないことを報告しなきゃいけない。スパイといっしょに働いている。運転手は警察の下だから、いいとこありますよ、などと誘われてへたについていったら金玉握られちゃう」

総務部の部員もぼくとレンを除いて日建を通して雇った。

「レンとはイラクでは別の現場だったけど、あいつは経理がよくできるし、スペイン語も小学校のころは習っていたっていうし雇った。イラクではめそめそしていたよ。プレイボーイだけど、まあうまくやってくれた。おれたちは、ともかくレンだったからね。あなたよりも、レンだったからね」

ぼくは総務部に属しているので、直接の上司は今関となる。レンのほうが信頼されていたというのは、少しショックだった。けれども考えてみれば、もっとも大事な会計や給与支払いに例外を除いてぼくはまったく関与していない。当時コンピュータを利用していたかどうか忘れたが、レンが中心となってマグネやフアンと各人の給与の長いスリップを残業して作っていた。

一方、プロジェクトの中頃からは、ぼくはセメントを中心とするブラジルでの資材の購入、通関、輸送のために、キャンプを離れて国境に二週間、三週間と何度も張り付いていた。小型機でパンタナル上空を飛んだりもしていた。その仕事は工務なのだから、山岸が実際には上司となる。そのような仕事は契約上ぼくの範疇にはない。今関に幅広くやったほうがいいだろうと、説き伏せられたのだが、それは将来に役だった。ぼくは社会に出てからジョブ型雇用を継続しているが、通関・輸送もジョブの中に書き加えられたのである。

ぼくのがっかりした表情に気が付いたのか、今関がいった。

「高瀬さんはあなたのほうをかっていたんだよ」

「でも不満だったのでは」

「通訳は私情や意見を交えずにいえっていってたな」

図星である。ぼくは面倒くさくもあり正確には通訳しなかったし、初めのほうの相手の言葉は忘れてしまう。通訳の言葉にはぼくの意見が多分に入っていたかもしれない。だがそのほうがうまくいく確率は高い。今、日記やメモ書きを見ると、山岸が行くなといったけど、行ったとか、上司よりも自分の考えに従っていた。それは大成建設の社員もある程度同じような勤務態度だったような気がする。

「でも、ぼくは気にしなかったけど」

「あなたと似ているのかもしれない。高瀬さんはＪＡＲＴＳなんか相手にしなかった。無視したりばかにしたりしていたよな。ＪＡＲＴＳは所長も佐藤、鈴木、中島と代わったし、最後までずっといたのは日系の福島さん。彼が本当は中心だった」

最初は大成建設社員の中でも高瀬に対しては反発がずいぶんあったのでは？　高崎部長が日本から出張にきたときは、高瀬、今関、山岸らと酒を飲みながら早朝には怒鳴り声が響いたが。

「でも仕事の成否は所長いかんで決まる。うまくいくかどうか。やれる人を送る。やるしかない。あいつが悪いとかいいとか言っていられない。それぞれ分担をやる。二年間ぐらいだから、それから長く付き合わないし、仲の悪い奴もいるかもしれない、だけどそんなの表に出なかったね。それよりも病気したり、精神的におかしくなった奴をどう帰すかだな。中近東では、イラクで一人帰ったな、女の問題で下請けも一人帰した」

ボリビアでも協力会社の人が一時精神的におかしくなっていたように見えた。だがそれは少ないほうだろう。カタールで勤務したときは自然環境、過重労働、社内環境の悪さからぼくを含め職員が病気がちで、次々と帰国した覚えがある。どうみても一部の社員を除いて使い捨てにしか見えなかった。

「イラクの場合は混乱していたね。現場がいくつかあったから同じ仕事を支店ごとに競争させたんだよ。大阪支店、東京支店とか。ところが現場の場所の状況によって仕事の環境がぜんぜん違う。機械の奪い合いよ。機械を取ったほうが勝ちよ。そしたら、一度取ったら渡さない。それでは内輪同士おかしくなるから、やめた。所長会議は大変だった。ボリビアでは高瀬さんは自分のポリシーがあって、こっちはぶつぶつ言いながらもやったよな。おれたちは高瀬さんの言うことを聞いて内部的にやりやすくしようとしたね。あの人は、ENFEとかともよくやりあったけど。やることやったもんな。所長絶対、それじゃなきゃまとまらない。三人以上あればいろいろあるけど。豊島は所長馬鹿にしながらやっていたもんな。山岸さんじゃないか、面白くなかったの。あの仕事取ったの、山岸さんだから。だから入札からやっている人間がずっとやったほうがいいな。山岸さんは同期だしいろいろ不満があった。機械をもう少し入れろ、とか、工区で分捕り合戦があったので、もう一台建機があれば、早く終わる、高瀬さんはいまの機械をあそばせずにうまく使え！」

建機は高いし、壊れたら工事が進まない。だからメンテナンスの専門家は別格で給与は青天井だった。高瀬には高すぎるといわれていたのではないか。

「担当者がやりやすくしなきゃいけない。壊れたら杉沢に行くじゃない」

今関は所長が絶対というが必ずしもそうではない。自分を貫いていたところも多々ある。

「事務所に現地の労務者を入れるな、といわれていた。来るのは世話役（人夫頭）にしろ、といわれたよ。舐められるって。でもオレは怪我したらすぐ飛んでいって、病院に行けとかやったよ。どこでもそれは誠意だと思うんだ。労働問題でも、いろんなことを要求してきて、できるだけのことをしたよ。高瀬さんには、なんでそこまで飲むんだ、ってよくいわれたけど、交渉だからノーばかりでは話しまとまらないしね」

高瀬に対してイエスだけではなかったということである。大成の社員はそれぞれが自分の持ち場、所掌ではある程度自分の思ったとおりやったのだ。面従腹背。だからこそうまくいった。

とりわけ海外に駐在した人の多くは経験していると思うが、海外の現場と日本本社とは意見が対立することも多々ある。実際の情報や肌感覚がわからない日本本社は往々にして間違った決定を下す。それにそのまま従ってはうまくいかない。これが政府や軍などになると、命令絶対になり、失敗が多発してとんでもない結果に終わる場合もあるのではないだろうか。

工期を短く終わらせるには、やはりそのへんがあるのでは？

「いや、それよりも請負制にしたから、そうじゃなきゃ、枕木一つ運ぶにしろ、とりわけ工事の目先が見えてくると、だからこれだけやったらいくらと請負にしたら捗った」

ぼくは請負にしたことは知っていたが、どのように給与を支払ったか、そしてどれぐらい工期が捗ったという点は、まったく不案内だった。

「あの仕事はうまくいった。最初の見積もりがよかった。インフレ条項を作ったのが。円でもらっていたわけだし。日建も儲かった。白根さんもチョチスとサンタクルスの間に牧場を買って、酪農家になるっていってたよ。福森さんも酪農に行ったはずだよ。ローカルポーションのほうはどうなったのかな。最初のほうはもらっていて、そのお金で枕木なんか買ったけど、最後のほうはボリビアにお金がなくて。日本政府からもらえるように交渉したみたい。でも最後はどうなったかは知らない。ともかく高瀬さんは儲ける面ではすごかったな」

だからこそ社長賞をもらったのだろう。運もよかった。一九八五年の入札当時は、ドル円が二五〇円前後だった。八五年九月のプラザ合意を経て、円はどんどん値上がりし、八七年末近くには一二二円をつけている。ローカルポーションなどなくても、円をドルに変換し、それを現地通貨に換えれば、資材購入などわけもなかったはずである。

今関は取材時の六五歳のときもちょこまか動き、意気軒高として元気だった。

一方、最後の取材者として予定していた高瀬はすでに鬼籍に入っていた。チョチスの仕事のあとでラパスに出て、その後、アルゼンチンのパタゴニアの港の建設にかかわり、帰国後は海外部長に上り詰め、五〇代後半で名古屋の関連会社に出た。その後、肺癌でこの世を去っていた。彼はたばこを手から離さなかったせいだ。残念だ。高瀬の話は聞くことができない。

ローカルポーションが最後はどうなったのか、そしてどう高瀬が儲ける面ですごかったのか、時間の針を巻き戻し、それらの一端を次の章で描くことにする。

第14章 ラパスの迷宮

正当な金を求めても、いつまでもそこにはたどり着けない。なぜ？

政府機関に勤務していた女性。「大蔵大臣、いつまで街頭で訴え続けなきゃいけないのよ。私たちの退職金！」

混乱する旅程

途上国との事業で最も大切なのは借金取りの技術かもしれない。ODAであっても現地政府支払い分があれば、その分はなかなか支払ってくれないことになる。産油国のベネズエラであっても、途中から経済が崩壊し、支払いは遅れに遅れた。ぼくはそのプロジェクトを途中で離れたので、未払い分がどうなったのかわからないが、各国の銀行、商社などによる債券者側とベネズエラ政府との会議が開かれたときに、ベネズエラはベネズエラ産カカオのおいしいチョコレートを配ってお茶を濁したと聞いたことがある。

このような面では、のちにベネズエラで勤務した東洋エンジニアリングの役割分担のほうがうまくいっていたように思う。金、経済、政治の面はプロジェクトと呼ばれるチームの長が見て、所長は現場の建設だけを責任とする。そうすれば、所長は現場に出てこないという批判は避けられる。

一九八七年五月後半、ぼくは高瀬の借金取りのラパス出張に同行した。一年が経過し、高瀬とぼくはそれぞれのやり方で気に食わない点があるが、お互いを認め合っていたのである。

けれども、この借金取り立ての出張は最初から不吉な様相を呈していた。めったに故障しない特急のフェローブスが故障し、チョチス午後二時の出発が夜の一〇時になった。しかも一等車に入ると、正式な手順を踏んで予約されているはずの席がなかった。ダブルブッキングである。それはこの旅を暗示していたのかもしれない。ぼくはともかく、この列車が走る路線の援助プロジェクトの現場の責任者に対するおもてなしとしては、度が過ぎていた。車掌と一〇分以上も言い争いをし、高瀬だけは最前列にある車掌の席を譲ってもらった。

ぼくは二等車に移った。そこは静かな一等車と違い、大騒ぎのフィエスタが繰り広げられていた。コルンバで物を仕入れてきた商人、サンパウロに留学していたボリビアの学生、ブラジルやペルーからの旅行者、それらが入り乱れて酒を酌み交わし、ギターを弾いて歌をうたっていた。午前二時までぼくはその乱痴気騒ぎに巻き込まれた。

サンタクルスの駅には朝の一〇時半頃に着いた。事務所の遠藤が運転手とともに迎えにきていた。

サンタクルスは熱帯雨林の中にできた広大な都市である。環状に拡大し、ボリビア第二の都市となっている。サンタクルス州には日本人移住地のサンフアンとオキナワの両方があり、穀倉地帯である。また天然ガスも排出するので、高地側よりも裕福な地域である。白人と混血が多く、先住民もいるが少ない。チリやアルゼンチンでは、タリファとともにサンタクルスは美人の産地として知られてもいる。

移住地があるせいだろう。日本人病院や空港も日本の援助で建設されている。

サンタクルス事務所では、高瀬からローカルポーションを巡る過去の経緯をヒアリングし、夕方には郊外にある著名な鳩の胸肉のから揚げを堪能した。またサンタクルスには日系人がいるので日本食レストランが二軒ほどあった。ちなみに現在（二〇二二年）は昔なかった「けんちゃん」が有力でぼくもその後二度ほど訪れた。この店の主人はオートバイ旅行中にケガをして、知り合ったサンタクルスの女性と結婚して住み着いた。そう本人から聞いた。子供は長男次男（セルヒオ鈴木、リカルド鈴木）ともにテコンドーの日本代表として昨年の東京オリンピックに出場している。

この夜は早々眠りについた。

翌日、日本の援助でフジタが建設した近代的なビルビル国際空港に立っていた。七時半発の朝一番の便である。けれども滑走路には濃霧が立ち込めていて、到着したマイアミからの飛行機の尾翼の輪郭がかすかに浮かび上がっていた。

「こりゃ、ラパスではろくなことがないかもな。悪運がこっちに来たかな」

所長がいった。

「ぼくのせいじゃないですよ。フェローブスが遅れたのは二度目ですからね」

二人の頭には、日本に休暇で帰国した別の日本人のことがあった。彼が汽車に乗るたびに必ず脱線していたが、今回は汽車も飛行機も時間どおりだったのである。

高瀬は前回のラパス出張の悪い思い出があった。ボリビア政府ののらりくらりとした引き延ばし戦術にはまり、一カ月ほど無為に滞在した。もはや、施主の契約不履行条項に訴えて、工事を中断しようと決心したが、日本大使館の六月一日まで待ってくれという申し出を受けて、今一度留まったのだった。

空港の待合室には実に様々な人種がいた。日本人と思われる人種も我々のほかに二人いた。アタッシュケースを持って背広を着た商社マンらしい男とバックパックを背負った青年。他に中南米のメスティーソ、白人。最も注意をひいたのは、色彩豊かな民族衣装を着て風呂敷を背負った先住民の女性の二人組。先入観があるからか、歴史を突き破って現代に現れたような感じがした。多分ぼくも他の日本人も、先住民に対するイメージは、貧困、フォークローレ、征服された民族のようなものだろうが、スポーツカーを乗り回すケチュアの女性も、エクアドルのオタバロ族のように商人として凄腕を発揮して海外にも進出している人々もいる。

空港の待合室特有の緊迫した空気をいやすようなケーナによる優しい民族音楽が流れていた。昨日、欠航したコチャバンバ行きの乗客を呼ぶアナウンスが何度もあった。

七時三〇分になっても何の放送もなかった。四〇分になって掲示版の出発時刻が一時間遅れの八時三〇分に変更された。

「やっぱり遅れますね」

ぼくはそういって、売店に新聞を買いに走って、すぐに戻った。

「一七・五％ですよ」

紙面の一面に政府機関が発表する昨年のインフレ率に関する記事が掲載されていた。八五年の大統領のビクトル・パスとハーバード大学のジェフリー・サックスが実施したショック療法はインフレ退治には効いたのである。また、ぼくの経験だとインフレは一万、二万、一〇万％などと高まると、株式市場の株価のように頂点をつけて、その後自然と低下していくものである。八七年の年初に実施した一〇〇万ペソを一ボリビアノスとするデノミも効いていて、通貨の下落もこの年には収まっていた。むしろ感染症のようにインフレは周辺国のブラジルとアルゼンチンに飛び火していた。

「もし、今支払ってもらっても、この分は損してるわけだね」

高瀬がいった。

「それに貨幣のこれまでの下落率を足すと、三五％ぐらいですか。昨年の八月からですから、八カ月ほどの遅れで、まあ二〇％ぐらいの損失じゃないですか」

「交渉の時に使えそうな数字だから頭に入れておいて」

離陸したときには九時を回っていた。機内は満員だった。切符を切られるときに気付いたのだが、なぜか九〇一便なのに、九〇二便の切符をもっている乗客が何人かいた。

座席について愛煙家の高瀬がいった。

「三〇分過ぎると、点火式のライターがきかなくなるよ」

アンデスの高地を飛び、機内の空調管理が外気の影響を受けるのか、酸素量が少なくなってしまうということだろう。その当時は機内の喫煙も禁止されていなかった。

また、六〇年代か七〇年代だろうが、ペルーのリマからクスコまでは、乗客が酸素マスクを途中からつけながらプロペラ機が飛んでいたと聞いたことがある。しかも途中で一つのプロペラが止まっているのに気が付き、客室乗務員に指摘すると、青い顔をしてコップピットに走っていったと。

さて、我々の飛行機は三〇分どころか、二〇分ほどでどこかに着陸してしまった。飛行機は翼を斜めにして山肌をぐるっと回って街を見下ろしながら滑走路へ着陸したのだ。街はそれなりに大きそうだが……。

「ラパスか？　まさか」

「コチャバンバ！」

なるほど、九〇二便でもあったのである。本来ラパスへと直行するはずが、昨日欠航した乗客を乗せて、ボリビア第三の都市のコチャバンバ経由としたのだ。ここは友人のエンジニアのセハスの故郷で、インカ帝国を創設したケチュア族の街である。ぼくは休暇中に一度旅行で訪れ、その後プロジェクト終了前にレン、フアン、野田らといっしょに祭りを見に行ったことがある。

空港でコチャバンバ経由などとアナウンスはまったくなかったので、ラパス行きの乗客はさすがに驚いた表情をしていた。けれどもこの国では不意の出来事には十分慣れていて文句も出ないし、また文句をいってもどうにもならないのだった。

コチャバンバの乗客を降ろし、まもなく離陸した。高瀬は途中で「ほら、つかない」とライターを取り出して実演してみせた。

ラパスの空港には三時間遅れで一一時三〇分に到着した。日本大使館に直行の予定だったが、もう昼休みになるので、日建の事務所に行くことになった。

空港には日建の白根社長とその妻兼秘書と思われる若い女性がいっしょに迎えに来ていた。

空港から出ると強い陽差しが打ち付けてきた。太陽が近いせいか思ったより寒くはない。澄んだ空気は、肌がぴりぴりするほど乾燥している。

「ゆっくり歩いたほうがいいよ」

高瀬と白根がいった。空港のあるエル・アルト市は標高四〇七一メートル、事実上の首都であるラパスは三六〇〇メートルである。空気が希薄なのはすぐに気が付く。息苦しい。瀕死の金魚が水面で口をぱくぱくしている図が頭に浮かび上がる。

車に乗り込み、首都に向かって下山していく。途中ラパスが初めてのぼくに気をつかって、白根は展望台で車を止めてくれた。

車を降りて、眼下のすり鉢の底にあるラパスを見下ろした。足元には、仕事を求めて田舎から出てきた人々の作ったレンガ色の家々が広がり、遙か五〇〇メートル下方に高層ビルがあちらこちらにすくっと屹立(きつりつ)している。日本と違い金持ちは酸素がある低地に、貧乏人は高台に住む。見上げると、雲の上に雪を抱いた、アイマラ語で「黄金のコンドル」を意味する六〇〇〇メートルを超す神が住むというイリマニ山がラパスを睥睨(へいげい)している。当時は五三〇〇メートルの地点に世界一高いスキー場があった。けれども、現在は消滅している。地球温暖化のせいでスキー場の地盤となっていた氷河が解け、雪がほぼなくなった。

アルティプラーノと呼ばれるラパスとその周辺はもともとアイマラ族の土地である。一二世紀から一六世紀にかけてアイマラ王朝がいくつか栄えていた。インカが勃興するずっと前である。誤解することが多いが、インカ帝国が栄えたのは一五世紀前半〜一六世紀前半と短くしかもさほど昔ではない。インカはアルティプラーノまで進出しているが、緩い国家体制なのでアイマラ王朝は自治権をもっていた。

インカを征服したスペインがスペイン風の街のラパスを築いたのが一五四八年である。スペイン人はまず教会と広場を作る。そこから人々の生活圏が広がる。当時、周辺のアイマラ人は少なくとも推定一〇〇万人前後はいただろうから、スペイン人は絶対的少数民族だったはずである。

アイマラはスペインによるミタ（強制労働）他に苦しんだ。彼らからみれば犯罪者でしかなかったスペイン人の主な目的は略奪、収奪、改宗である。スペイン異民族に対する血生臭い戦いが勃発する。アイマラ、スペインともに何万人と犠牲者が出た。一七八一年にはトゥパク・カタリが率いる四万のアイマラの軍勢にラパスは包囲され、スペインは一度は敗北している。またボリビアがスペインから独立したあとも、度重なるクーデターと民衆の蜂起で血が流れている。とはいえ、西欧や日本も首都や古都は血塗られている。戦乱があったことは変わらない。違うのは、まったく別の民族、文化、宗教、経済体制が、大地とつながるアイマラの基礎共同体の上に押しかぶさったことである。

右手にラパスを見下ろしながら、坂を下りていく。助手席に座っている女性が街に入ると、「これがビールのパセーニャ工場、これが中央銀行、これがサンフランシスコ教会、独立の父シモン・ボリバルの記念館」といちいち説明してくれる。

街は清潔だった。以前訪れたペルーのリマ市を想像していた。七〇年代後半のリマは色彩は豊かだが、街路の市場にはすえたような強烈な臭いが立ち込め、路上はごみだめそのもので、機会さえあれば旅行者から金をだまし取ろうとするチンピラの群れがいた。ラパスはまったく別のようだった。路上にごみは見当たらない。歩いているのはメスティーソよりも先住民のほうがずっと多い。ただし目を見張るような美人も見ない。建造物は白か茶褐色、町の中心を過ぎると、名物の急勾配の坂が多くなる。街の路線バスは酸素が少ないせいで時折エンコしてしまい、乗客が降りてバスを押す羽目になる。

そんな上り、下りを何度も繰り返し、三〇度もありそうな急坂に車はとまった。目の前が日建ボリビアの事務所だった。

事務所は四つ部屋があった。ボリビア人の秘書が二人、事務員が四人働いていた。さっそく、高瀬所長と白根社長は互いに持参していた書類を交換し、社長はボリビア大蔵省の状況を説明し三人でその日のプランを決めた。午後二時にコーディネータの木村氏と会い、その後日本大使館を訪問することになった。

高瀬所長とぼくは市内のホテルプラサへと向かった。つきあいのある三菱商事のレートで一泊七〇ドルを五〇ドルに割り引いてもらった。部屋は広く、部屋の壁いっぱいに広がった窓からは、ラパスの街、アルトラパス、そしてイリマニを見ることができた。チョチスの机とベッドしかない簡素で狭い部屋と比べると天国だった。

食事はホテルで簡単にすませ、迎えに来た車に乗り、再び事務所へ向かった。オフィスではコーディネータの木村氏が待っていた。簡単な挨拶を終え、さっそく高瀬が口を切った。

「木村さん、一体どうなっているのかね」

「ええ、参事官の話だと、次官がチェックを切ったそうですよ」

「いつ、誰にあてたチェックを切ったということ？」

「昨日ですね。八月から四月までの支払い分の四〇％を切ったってことですよ。それで、残り六〇％は六月一〇日に解決するってことです」

このときの金額はドル相当で三〇万ドル前後だったと思う。ボリビア通貨だったせいか、0が並びすぎ面倒臭く思ったのか、ぼくのメモ書きにも金額の多寡は書かれていなかった。

「ふーん、解決ってのは支払うってことかな？」

「いや、私もはっきりとは。ただ参事官が直接話をしたらしいですがね。でも不思議なことにチェックの番号が我々のものとは違うんですよね」

その言葉にみな沈黙した。

日本大使館は信じられるか

大使館は庭に盆栽があって日本的雰囲気を醸（かも）し出していたが、待合室の灰色の壁が役場か病院にいるような気分にさせた。日経新聞と公報が置かれていた。オフィスに通じるドアには、「ビザの取得は少なくとも三日前までに手続きを」と書かれた紙が貼られていた。一〇分ほど待たされてから、日系人の婦人がタイプを打っている一階から二階へと通された。そこは赤い絨毯が敷かれ、壁には現代絵画がかけられていた。

日系の書記官が英語で我々にソファに座るように促した。ほどなくして下駄のように四角い顔の参事官がきて、挨拶もそこそこにスペイン語なまりの日本語で早口で説明した。内容は木村がいったのと同じだった。所長がきいた。

「すると、すでにチェックは切れたってことですね。番号と金額はわかりますか」

参事官は書記官を呼んだ。書記官はメモ書きを持って来た。

「これですね」とテーブルの上に置くと、木村がいろめきたって立ち上がり、番号と金額をひかえた。ぼくもそれに続いた。

「というと、これが八月から四月までの借金の四〇％ということですね」

「そうです。まあ、大使館としては、日本のボリビア大使にビクトル・パス大統領に電報を打ってもらって、次に外務省から親書を出して、どうにか支払うってことで。先週水曜日に次官のオルテガに会ったとき、残りの六〇％は六月一〇日に解決するってことでした」

ぼくはよっぽど、「口頭のみの約束ですね」という言葉が喉元まで出かかっていたが、押しとどめた。

高瀬が実に冷ややかな口調でいった。

「私としましては、私企業ですから、本社の意向もあります。支払い遅延のおかげで、金利とペソの下落、約二〇％分がすでに損金になっています。誰がこれを埋め合わせてくれるんですか」

参事官はそれに対してなんら答えるすべがなかった。援助プロジェクトは日本の税金分はとりはぐれがないが、ローカルポーションが入ってくるとややっこしくなる。なぜ当時最貧国だったボリビアに負担させたのか？　相手側にも責任を持ってもらうという意図が働いたのだろうが、無謀だったかもしれない。

「ただ、これですね。うちの持っているナンバーと違うんで、一応明日うちのほうでも調べてみます」

木村がそういった。

ぼくたちは、大使館の尽力に対してとりあえず礼をいって、大使館を早々あとにした。

車に乗り込み、ぼくは思ったことをそのままいった。

「どうも、おかしいですね。話がうますぎますよ。こんなはずじゃない。物事がうまく進むなんてことはめったにないのにおかしいですよ」

ほかの二人は笑った。

高瀬が答えた。

「まあ、明日調べてみればわかるよ。だけどね、外交交渉に口頭だけでってのも、まったく変な話だよ。大使館でレター出しているのに回答がレターでこないのは全くふざけた話だ。伊藤大使がいうには、外交文書では強いことはいえないけど、その中でも最高に強い表現をつかったっていってたよ」

口約束は信じられない。一九九一年にソ連が崩壊したとき、米国はゴルバチョフに北大西洋条約機構（NATO）の東への拡大はないと口約束したようだが、それはすべて反故にされた。だから、現在のウクライナ紛争でロシア側は書面での回答を求めているわけだ。

木村が口をはさんだ。

「でも、どうして大使館はそんなにボリビアに支払わせようとするのかね」

「大使がいうには悪い例を作りたいくないってことだけど」

債務の肩代わり、つまり債務帳消しというのは、最貧国に対してはよくあることだった。

「もうボリビア政府は金なくてこまっているだから、日本で払ってやればいいんだよ」

企業にとってはどこから入ろうが、金は金だ。それは国民の税金ではあるが、金が日本に還流していることになる。欧米の援助にしても、自国還流は当然だった。

「まあ、ボリビアに支払わせれば、大使の業績ってことになるだろうね。先月、もうOECFに支払ってもらおうと思ったけど、大使館がまあ、待ってくれっていうからね。メンツをつぶすわけにもいかないし、明日大蔵省で調べてみよう」

高地ラパスの反逆

奈落の底にあるホテルプラサの最上階から見るラパスの夜は圧巻だった。ラパスには二つの夜空がある。住民たちが灯す夥しい燈色の星々が織りなすアルトラパスと、銀色に瞬くほんものの星々の世界。ぼくは四〇カ国を超える国々の都市を踏査したが、このラパスこそ地上に存在する唯一無二の首都である。

ぼくと高瀬は付き合いのあるフォアーダー（陸運・倉庫関係）の日本人の駐在員とともに最上階のレストランでテーブルを囲んでいた。彼の駐在事務所はボリビアの経済の混乱とともに、傾きかけているようだった。隣の席には一〇代の日本人の青年四人が給仕を受けていた。自分の一〇代の頃と比べて羨ましくも、腹立たしくもあった。

「なんでも好きなものを頼んでいいよ」

「そうですね。なにせお金が返ってきたんですから」

「まさか、全額返ってくるとは思わなかったよ」

すり鉢状のラパス。酸素の濃い低地には金持ちが、その上のエル・アルトには貧者が住む。

高瀬が上機嫌にいった。金というのはボリビア政府の借金ではなく、ペルーのシェラトンホテルのセーフティボックスから忽然と消えた大金のことだった。あずけた翌日には、すっからかんになっていたのである。現地の新聞にも載った事件である。それは裁判になって思いがけなくも全額もどってきたのだ。

ぼくは、チョチスでは海の魚は食べられないので、まぐろのステーキを注文した。ワインはタリファの赤を選んだ。駐在地では一番若いものが注文する習慣が他の企業でもあるようだ。

まもなくボーイが国産のタリファ産のワインを持って来た。アルゼンチン国境にあるタリファは上質のブドウを産出し、添加物の入っていないワインはいくら飲んでも、翌日に頭痛に悩まされることはなかった。

我々は杯を合わせたが、駐在員は口をつけたぐらいだった。

「酒はもうぜんぜんやりませんよ。五年前にラパスに着いた時、一杯のんだだけで、気分が悪くなって、パーティで飲んだときに倒れましてね。酸素吸入器でどうにかひと息ついたけど、ラパスでは飲まないですよ。コチャバンバまで降りれば、ビールの一、二杯はいけるんですが」

標高が高いと酸素が少ないので、アルコールを分解する速度が落ちる。けれども、ぼくは以前、メキシコシティでもペルーのクスコでもいくら飲んでも平気だったので、控えることはなかった。若かったからだろう。五〇代でラパスを再訪したときには、二、三日の滞在後でも長く歩くと気分が悪くなり、吐き気がした。残念だが酒も控えるようになった。

まぐろのステーキは牛のサーロンステーキに味はひけをとらなかった。これだけでもジャングルの中から出てきた甲斐があったというものである。ぼくは食堂を仕切っているイトウさん夫婦を思い出した。チョチスで食べられる魚といえば、アマゾンの川魚のなまず系のスルビ、そして一度だけ出たピラニアの刺身だった。一般にピラニアはまずいといわれていたが、新鮮でさばき方がいいのか、歯ごたえがあってうまかった。

ぼくはいった。

「そういえば、イトウさんから魚を二匹ぐらい持ってきてっていわれているけど」

「ああ、そうだね。でも、なかなか高いし、買うルートも特別にあるから」

海もなく、冷凍設備も整っていないボリビアではなかなか難しいようだが、駐在員がすかさずいった。

「ああ、それわたしが手に入れますよ。わたしのルートがあるから、サンタクルスからチヨチスまでなら大丈夫でしょ」

そう請け負って付け加えた。

「どうですか、今夜はこれからカラオケでも行ってみますか」

「いや、今夜はちょっとやめておこう。もう休んだほうがいいよ。ラパスの一日目だからね」

高瀬は身体の調子がいまひとつなのか、それとも借金取り立てまで自重しているのか、控えているようだった。ぼくもカラオケに行く気にはならなかった。一〇時には散会となった。

ぼくは部屋に戻ってから、コートをはおって外へ出た。ホテルは当時七月一六日大通りの前にあった。中央分離帯に緑の木々が植えられ、街灯が通りを照らしていた。左手のアルトラの丘はダイアモンドのような光が密集していた。人影はほとんどない。

サンフランシスコ教会まで歩いていくつもりだった。自分の肉体を試してみたかった。石畳の道を踏みしめ、坂を上った。息を大きく吸う。空気は冷たく硬質で澄んでいる。まれに厳(いか)つい顔のアンデス帽をかぶったアイマラ族であろう先住民と行き違った。

教会前の広場についたときには、眉間のあたりがずきずきし始めた。教会はライトアップされ美しかったのだろうが、それを鑑賞する余裕はなかった。そろそろホテルに戻ろうと思っていると、広場をうろついていた若者が突然、「日本人？」ときいてきた。

「ああ」

「ちょっとお願いがあるんだけど」

「仕事を探しているのかい」

「うん」

「残念だけど、ぼくがやっているプロジェクトはもう終わるから」

「たかのって知っている？　友人なんだけど」

「さあ」

「血がいるんだけど」

「血？」

「ぼくの兄が病気なんです」

金を無心しているわけではなさそうだが、これ以上話す気にはなれなかった。

「無理だな。ぼくも病気なんだよ。じゃあね、さよなら」

うっとうしくなって、青年を振り切るように坂を下った。

一一時前には戻るつもりだったが、途中何度も立ち止まって息を整えなくてはならなかった。鼓動もどきどきと早鐘を打ち、頭痛も激しくなった。三六〇〇メートルの標高を甘くみたことを後悔した。初日に飲むのはきつい。

大蔵省の迷路

大蔵省の中は薄暗く、まるで壁にカビが生えたようで、空気が淀んでいた。以前、日本で訪れた改築前の東京高等裁判所を思い出した。またカフカの小説『審判』の中の裁判所のようでもある。

大蔵省を知っている公認会計士のボリビア人が付き添ってくれた。ぼくと高瀬と木村は彼のあとをついていくしかない。最初の窓口に行って何やらきいたが、職員は自分の書類の処理に集中していて、そっけない対応だった。他にも来訪者がいたが、誰もが目的を果たせずに途方に暮れたような表情をしていた。

やっとプロジェクト関連の二階の窓口へと到達し、担当者を呼ぶと、嘘か本当か休暇で不在だという。木村がチェックについてきくと、冷淡に他の場所に行くようにいわれた。人々が犇（ひし）めく暗い回廊を歩み、言われた窓口へ行くと、また別の場所へ行くようにいわれる。二階から今度はまた一階に行かねばならない。役所のぐるぐる回り、堂々巡り。迷路の中でおちょくられているような錯覚に陥る。

やっと次の窓口を訪れて、大使館で控えた同ナンバーと同金額のチェックがすでに発行されていることを確認できた。官吏は「ほら」といってノートをちらりと見せたのである。「チェックはすでに中央銀行へ回っていますよ。あとはＥＮＦＥがそれを引き出せばいいだけです」

ぼくはノートを覗きこんだ。そのノートには支出予定項目があり、ＥＮＦＥ職員への給料支払い項目があり、たまたまその金額が、我々の借金金額と同額だった。

ピーンときた。

だが望みを完全には失ったわけでもなかったし、ぼくはこの事実を誰にもいわなかった。いずれにしろ、我々三人は大蔵省の言葉を鵜呑みにしたわけではなかった。

そこで車をすぐに中央銀行へと走らせた。けれども近所にあるのに駐車場を探してぐるぐるぐるぐると回らなければならなかった。すり鉢状の底の街は面積が限られてしまっている。今度はカフカの『城』だ。見えるのに決して城には到着しないというわけだ。

三〇分ほどぐるぐる回りをして、やっと駐車場を見つけて、車を置き、銀行まで歩いた。

銀行は新しいビルにあり、我々の関係部門は八階だった。近代的で清潔な建物だった。窓からはラパス市が一望に見渡された。ここは世銀、ＩＭＦ、多国籍企業が訪れる場所で、いってみればニューヨークである。先住民のアイマラやケチュアとは断絶している場所だ。

銀行の担当者も、大蔵省のメスティーソではなく、白人だった。だがどちらかというとのっぺりとした顔つきをしていた。アメリカの大学を出たことをうかがわせる英語を話した。

会計士が来訪の目的を話すと、日本の外務省から発行されたらしい親書を渡された。それは外交用語と法律用語がぎっしりとつまっていて、すぐに内容は理解できなかった。担当者はいった。

「チェックはすでに振り出しているので、ＥＮＦＥが処理すれば終わりです」

問題は解決したことを請け負った。

我々は今度こそ金が支払われる確率は八割ぐらいあるのではと思っていた。日建の事務所に戻り、さっそくＥＮＦＥの担当者へと電話をして、すでにチェックが振り出されていると伝えると、「明日、すぐに大成日建の口座へ入金する」と口約束したのである。

一抹の不安はあったが、ラパス出張の目的は果たされたようだった。三人とも肩の荷がおりた。現場ではローカルポーションで枕木や砕石を購入し、給与支払いにもあてることができる。工事を中断することもない。

高瀬は白根社長にいった。

「明日はチチカカ湖のほうへ連れていってよ。九時半に出て四時頃にもどってくればいいよ」

ぼくに特別観光休暇を与えるというのだ。ペルー側からチチカカ湖を訪れたことがあるが、ボリビア側から訪れたことがなかった。途中は、荒涼とした月の谷と呼ばれる観光地を経由していく。

ぼく自身は派遣社員でしかない。プロジェクトがうまくいってもボーナスがあるわけでもない。知的好奇心を満たすことと、休日に観光できることが仕事のインセンティブだったかもしれない。

ところが、仕事を終えたあとの心地よい満足感に満ちた空気はとたんに打ち破られ、先の見えない淀んだものに変わった。在ボリビア三〇年の木村が「大変なことになりましたよ」といってオフィスに入ってきた。彼は案外落ち着いていて、言葉とは裏腹に平然とした顔つきだった。

「このチェックは我々のプロジェクトに対してのものじゃないってことですよ。どうもナンバーが違うのでおかしいと思ってたけど、ＥＮＦＥあてだけども、他の項目にあてられたものだってことですよ」

誰もが唖然とした顔つきをした。ぼくは人件費に流用されたのだと確信した。だがまだ言葉には出さなかった。高瀬がいった。

「じゃあ、大使館だな。事情を説明しようじゃないか」

車の中ではみな無言だった。暖簾（のれん）に腕押しが当てはまる徒労感に襲われていた。

大使館には書記官しかいなかった。彼はスペイン語と英語しか話さなかったので、ぼくが事情を説明すると、「ええ、そんなばかな。ぼくの目の前でそのチェックにサインしたんだから。ちょっと待ってくださいよ。今、電話してきいてみます」

書記官は「とんでもない」とか「くそ」とかいって、大蔵省へと電話をかけた。担当者は大学時代の友人だということだった。

電話で彼はまくしたてた。

「いったいどうしたんだよ。例のチェック、違っているっていうじゃないか。一体どこに振り出したんだ。大成日建だっていっていたのに。あれほど約束したじゃないか」

彼の口調は激しく、早口になっていく。受話器を握る手も震わせ、顔つきも怒りの表情だ。

　ぼくには何か芝居がかっているように見えた。ボリビア側に罠に陥れられているのではなかろうか？

　彼は三分ほど話し続けて、納得した様子で受話器を置き、我々にいった。

「間違えたってことですよ。たまたま同じような金額だったんで宛先を間違えたんでしょう。振り出したチェックを無効にして、新しいものを発行させるってことですよ」

「間違えたんですか？」

　ぼくは思わず声をあげた。

「ええ、間違えたってことですよ。宛先を」


　大使館から事務所へと戻る途中、高瀬はいった。

「間違えるなんてことありえないよ」

「ええ、ありえないでしょうね。この国では何が起こるかわからないにしても」

　ぼくの頭の中では大凡（おおよそ）のストーリーができあがった。

「いや、本当に間違えたのかもしれないよ」

　おっとりした感じの白根はそういった。

　またまた振り出しにもどってしまった。高瀬は最初、ぼくの明日の観光はおあずけだといったが、その後すぐに考えを改めた。

「明日もまた大蔵省だけど、もういつになるか、きりがないから行ってくればいいよ。まあ、サンタクルスに出たときにもENFEに行ってきいてみよう。この金額が入るって約束はあったんだろう」

なるほどボリビア政府は書面で回答するわけにはいかない。ぼくはいった。

「最初からストーリーがきまっていたんでしょ。金額はENFEの人件費分と同じですから。人件費支払いのために振り出して、もし我々から抗議がなければそのまま、あれば我々のほうに回すかもしれないってことで。そうすれば、ENFEに振り出したけど、大成の抗議で無理だっていえば、大蔵省も顔が立つし、責任をこちらに転嫁できますからね。二重約束だなんて書面にかけやしませんよ」

フェローブスの座席の二重ブッキングと同じである。ボリビア側としては人件費に充てるか大成日建に充てるか？　そんな岐路に立たされれば、当然ボリビア人の給与に充てるだろう。給与不払いだと、ストライキ、打ちこわし、列車の運休が予想された。

高瀬はいった。

「うん、そんなとこだろうね。ともかく金がないんだ。大使館も状況を説明して、肩代わりすればいいんだよ。そうすれば日本も少しでも黒字を減らせるし」

ぼくは冗談に無駄口を叩いた。

「コカインの金とかどこかにあるかもしれないけど。でも、その金で支払うわけにはいかないし、苦しいところでしょうね」

我々は笑った。それは屈辱、徒労、怒り、同情の混ざった不可思議な笑いだった。

結局、ローカルポーションは思惑どおり日本が肩代わりすることになったのである。

第三部
文明の炎に焼かれたチョチス

日本、ボリビアの要人と、中央の ENFE
現場所長のアルセ氏。一番列車が通った。

第15章 二二年ぶりの再訪

二〇一〇年八月、ぼくはベネズエラからブラジルのリオデジャネイロへと飛び、陸路チョチスの大地を踏んだ。

ソコサの夫婦「もうディスコは閉めたよ。息子が殺されたんだ」

再度の南米駐在

二〇〇六年、二〇〇七年頃から、いよいよ出版業界は不況になってきた。出版社は次々と破綻していった。日東書院、草思社など名前をあげればきりがない。ぼくの書籍を最初に出版してくれた山と溪谷社は他の企業に買収された。『ダカーポ』『月刊現代』など雑誌も消えた。街の本屋も消えた。もともとぼくの社会的なノンフィクションは売れる本ではない。企画がめったに通らなくなった。付き合いのある雑誌は『新潮45』（２０１８年廃刊）ぐらいになった。

書籍を読まないということは、落ち着いた深い思考と縁がないということである。かつてテレビが一億総白痴化をもたらすといわれたが、今は携帯が世界七〇億の総白痴化を進めてしまった。愚痴をいっても始まらない。著述業に属していた多くの人間は転業していった。

ぼくも収入がなくなったので、零細の食肉卸売りの会社で広報や営業に携わったが、それも長続きせずに、子供も成長したことから二〇〇八年ベネズエラに駐在する職を得た。

ベネズエラとボリビアは飛行機で数時間。日本から訪れるよりもずっと近い。休暇中にボリビアを訪れることができる。

ボリビア人の友人知人がどうなったのか？　チョチスの村はどう変容したのか？　アマゾン鉄道はどうなったのか、それを知りたかった。

レン・ナガラとは、ボリビアのプロジェクト終了後の世界放浪の旅で、最後に訪れたフィリピンで会った。彼はマニラの郊外ケソンシティに大成御殿と称する白亜の瀟洒（しょうしゃ）な家を建てていた。家族とともに大歓迎され、数日泊めてもらった。いっしょにマニラを散策したのはいい思い出だ。けれどもその後の消息は不明となった。

食堂でおいしい日本食を作ってくれたイトウさんの奥さんは、プロジェクト終了後、間もなくして癌で亡くなったと聞いた。おじさんも何年かあとに、妻を追うように病気で亡くなった。ぼくはプロジェクト終了後にサンフアンの新築の家に招待され、彼らの娘や息子と熱帯林の中で魚を釣ったり、日系人たちといっしょにカラオケを歌ったりしたことがあった。

イトウさん夫妻とは同じ総務部に属していたし、食堂の管理もぼくの仕事の一部だったので、付き合いが深かった。ボリビアに行く機会があっても、もう会えないのかと思うと残念だった。二人とも四〇代後半か五〇代前半だったと思うが、移民後の熱帯雨林を手作業で切り開いていった苛酷な労働が堪えたのかもしれない。

当時、ボリビア経済は低迷していたから、日系人の二世のなかには、バブルの日本に出稼ぎに出る者が多かった。鉄道プロジェクトに参加した若者も何人か日本に来ていた。けれどもインターネットのない時代に知り合ったボリビアの友人たちのその後は、皆目見当がつかなかった。

チョチスについてネットで調べると、エコーツーリズムの聖地として紹介されていた。ボリビア人よりもブラジル人の客を集めているようだった。鉄道はまだ存続していた。

リオデジャネイロから陸路チョチスへ

ベネズエラからブラジルのリオデジャネイロに飛んだのは二〇一〇年の八月二三日だった。この美しい街には資材にかかわる仕事と、カーニバルを見るために、そしてプロジェクト終了後も二カ月ほどバックパッカーとして留まったことがあった。レーメ、コパカバーナ、イパネマと優美に湾曲する海外線を、キリスト像のあるコパカバーナから久しぶりに眺めた。残酷な格差のある世にも美しい街である。経済至上主義ではない、何か他の価値が流れている。だからなのか、リオの空気は、貧乏人にも金持ちにも平等に甘い。

最初は仕事だった。一九八七年、ミル・シートを取得するためにまずサンパウロに飛んだ。ミル・シートとは鋼材メーカーの品質保証証明書である。完了証明に提出する必要があった。「所長がなくてもいいなんていうけど、そんなわけにいかんべさ。行ってきてくれ」と山岸に命じられた。鉄筋を購入していたブラジルの鉄鋼会社バーラマンサは、まったく提出する気がなかった。付き合いのある日系商社のインペックスに頼んでいたが、最初送られてきたのは白紙のようなものだった。腹が立った。インペックスは最後の手段に訴えてくれた。ブラジルの日本でいえば政府の官房長官からバーラマンサの担当者をつついたのである。これは利いた。

ぼくはサンパウロから工場のあるリオまで車を飛ばした。運転手はかつてソニーの創業者井深さん付きの方で、入国にパスポートもいらなかったなど、いろいろ面白い話をきけた。バーラマンサの担当者は「あんなことまでしなくても」とうなだれていたが、ざまあみろ、という気分だった。虎の威を借る狐が成功したといえよう。そのときリオに一日留まり、飛行機でボリビアに戻った。

プロジェクト終了後の旅行中は、危険だと称されるパブーナで過ごし、知り合った黒人系の家族とともに、サンバスクール「ポルテーラ」で翌年のカーニバルの練習に参加した。その頃はアルゼンチンとともに一〇〇〇％を超えるハイパーインフレで、人々は「独立などしたのは、僭越だった。対外負債ごとポルトガルにお返しししよう」と、冗談を皮肉まじりに語っていた。暮らし向きは、ハイパーインフレが収まったボリビアよりもずっと厳しかった。通貨価値もボリビア通貨のほうが強かった。

今回は商社のリオ支店長をしている大学の同期の友人を訪れ、イパネマで痛飲し、二五日の昼過ぎに陸路バスでカンポ・グランデ経由、国境の街コルンバへ向かった。二五時間ぼくはベネズエラからブラジルのリオデジャネイロへと飛び、陸路チョチスの大地を踏んだ。

の旅だ。一九八八年には杉山、柳沢とチョチスからリオに陸路辿り着いたことがあったが、逆コースを辿ったわけだ。

翌日朝一〇時に南マットグロッソ州都カンポ・グランデ着。イシブラスにはここで橋梁を作ってもらった。小野田寛郎さんの牧場があるところでもある。沖縄からの移民も多い。ここから大湿原のパンタナルへの三泊四日のツアーも出ている。一泊してみようと思ったが、たまたま街の創設記念日で商店もレストランも全部閉まっているので、次の一二時のバスに乗った。夕方の六時に二二年振りにコルンバに着いた。本編ではあまり記載しなかったが、ブラジルとボリビアの国境の街にはセメント購入とその通関のために何度も来ていた。度重なる脱線、通関会社による資金の横領、駅長による貨車の横流し、ブラジルで始まった年一〇〇〇%のハイパーインフレなどで、物事がまったく進まず、三、四日の予定がひと月近い滞在になることもあった。ドルをチョチスでボストンバックに詰め、ブラジルの銀行でブラジル通貨クルザードのチェックを振り出してもらう。もし、現金化すると、セメント会社で紙幣を数えるのに四時間以上かかってしまう。セメントを輸出するだけなのだが、ラパスの借金取りで経験したような国境の迷路に陥るのである。結局ブラジルとボリビアの国境を総計半年ほど右往左往した。

当時、常宿だったホテルナショナルを探したが、別の場所に移っていて、四つ星だか五つ星の超近代的なホテルに変貌し満杯だった。コルンバは以前と違い、パンタナル観光の大拠点となっていて、ブラジル人が大挙押し寄せていたのである。

しかたなく別の安宿に泊まり、お湯の出ない冷たいシャワーを浴びて旅の疲れを落とし、夜の街に出た。広場まで歩くと、見覚えのある建物がいくつかあった。嬉しいことに、ブラジル料理の店、ロデオはそのままだった。以前と同様に、ピラニアのバイア風スープをビールとともに飲んだ。

その後、街の中をぶらぶら歩いてみたが、もちろん当時関係のあった通関会社のコスモスは影も形もなかった。会社はブラジル人の高齢の男性が社長で、ボリビア人でクーデターに関与し逃亡していた元空軍大佐が副社長格だった。まったく仕事が捗(はかど)らないので、金を返せと談判に行った覚えがある。すると、彼ら二人はオフィスの裏に回りごそごそと相談していた。

国境に張り付いてもらっていた若い日系人社員がいうには、ブラジル人の社長は若い女性と結婚し、妻への高額な慰謝料が必要になったとか、保証人になった友人の会社が倒産したとか、それが理由で我々の通関のための資金を横領したと……。しかしその日系人も仕事よりもパラグアイ川で魚釣りに多忙だった。事実はどこにあるのか不明だ。しかし彼らが明かないので、代わりにぼくが必要時にその都度国境に滞在することになったのである。通関業者も新たに探して契約した。

栈橋前の広場まで歩いてみた。パラグアイ川は以前とまったく変わらずに海のような佇まいでぼくの前に広がっていた。乾期のせいで湿原の幅が増えていた。その向こうにボリビアの地平が空と湿原を切っていた。観光船は以前よりも大きくなり、数も増えていた。

ここコルンバはパンタナル湿原の南の入口で、北の入口は二〇一四年のワールドカップ、日本対コロンビアの試合会場となった、マットグロッソ州のクイアバである。美しい野鳥とともに、オオカワウソ、カピバラ、ジャガー、アメリカバク、ワニなど珍獣の宝庫なので、日本のテレビにもたびたび登場している。けれどもこの大湿原は絶好の隠れ場であり、コカイン精製工場が点在していた。ブラジルのリオやサンパウロなどの都市から、コカインを求めてここまで来る若者、身を売りながらコカインづけになっている少女たちもいた。さらに、第二次世界大戦後、Uボートで南米に逃れたヒトラーとその一族が湿原の小村で暮らしていたという都市伝説がまことしやかに語られていた。ぼくはブラジルワールドカップのときにも訪れたのだが、「父親がイスラエルのモサドに属してヒトラーをここまで探しにきた」という観光ガイドに話を聞いたことがあった。

夕方にホテルナショナルを訪れ、熱帯の美しい木々に囲まれたプールで泳いだ。そのあとビールを飲むと不思議な既視感に似たものに襲われた。ぼくは二〇代のぼくを見ていた。ボリビアのサンタクルスからいつ来るかわからない貨車を待って、ホテルのプールでぐったりとしていた。南洋の倦怠が身体全体に纏(まと)わりついていた。

ヨーロッパではほぼ消滅したに等しいが、国境はどこでもいかがわしく、密輸業者が跋扈(ばっこ)し、かつ国と国の格差を見せつける。ボリビアではタクシーの床は穴だらけ、道路は砂が舞い、牛肉は固い。ブラジルのタクシーは綺麗で、道路は舗装され、牛肉は美味だ。対外債務は、インフラを作るには役立ったのである。とはいえ、庶民の暮らしは別だ。

その夜は、行きつけだったクリスティーナというナイトクラブへタクシーを走らせた。吹き抜けの飲み屋で、南洋の美しいヤシやマンゴーの木々に囲まれ、甘い匂いに満たされ、落ち着いた雰囲気で、ブラジルの美女とゆっくりと飲むことができた。けれども、そのクラブはあとかたもなく消えていた。他のクラブへ行ってみたが、それはビルの中にあり、ブラジル人観光客たちで喧噪に満ち、女たちは金に露骨なだけでかつての優雅さは失われていた。ぼくは早々退散した。

翌日、国境を越えた。ボリビアは明らかに裕福に変わっていた。国境に面したキハーロもプエルトスアレスの駅も、掘立小屋のようなかつての面影はなかった。鉄筋の大きな近代的なビルになっていた。街中を走る車は、錆びた穴だらけのボディではなかった。駅の周囲にある店舗も多くはコンクリート作りになっていた。その代わり、道はまだ舗装されずに、土煙が舞った。市内から駅へ向かう途中にある橋の前に車がジャンプするほどの凸凹があったが、さすがにそれは均されていた。昔はよくここで交通事故があったものだ。

国境越えもすんなりとできた。以前はいやな思い出があった。リオのカーニバルからもどるときに、税関で入国スタンプをわざと押されなかったのである。国境の住民の行き来は自由だが、我々はそうはいかない。その時、係官に「入国スタンプはいらないのか？」ときいたが、「問題ありませんよ」という答えだった。

案の定、帰国時に杉山、柳沢、ぼくの三人は不法滞在者として膨大な罰金をとられる羽目になった。油断も隙もない。国境の税関や駅長は数年勤務すれば、豪奢な家を建てることができるといわれていた。

一番以前と変わっていたのは、サンタクルスからのトラックやバスが入っていたことだった。ブラジルからサンタクルスまでハイウェーが通じていたのである。

もうひとつ驚いたのは、列車が時間どおりに一三時二四分に発車し、ロボレには一九時半頃に到着したことだ。聞くと、脱線も月に一度あるかないかの頻度だという。けれども途中、車内は耐えられないほど熱く、白く煙っていた。その年は雨が少なく、熱帯林のあちらこちらで自然発火していて、その熱気と煙が窓から入ってくるのだった。

それでも快適だった。ラピッドといえば、以前は乗客、荷物、鶏などの動物で密集し足の踏み場もないほどだった。床に座っていたり、寝ている者も多かった。今は汽車の屋根に乗っていて地面に落ちる者もいない。

ロボレには修理工場があり、メカの杉沢と何度となく訪れた。また軍隊があるので、保安官といっしょに訪れた場所でもある。

ロボレで降りたのは、チョチスに夜ついても宿泊先がない可能性が高いと思ったからだった。ぼくは駅のそばのパライッソ・エスコンディード（隠れた天国）という安宿にとまった。失敗だった。古くて汚くてお湯は出なかった。すべてが不潔だった。冷たいシャワーを浴びて、駅前に並んだ露店で、串刺しの焼き肉を食べた。

翌朝、八時にバスでチョチスへ向かった。昔チョチス—ロボレ間には熱帯林の中に、パラグアイとの戦争のときに作られた、あるかないかのがたがた道があり、車で通るにはとてつもない困難が伴った。今は快適な舗装道である。

バスにはボリビア人のほかにスペイン人のボランティアの女性とパラグアイの若い男がいた。スペイン人はスペイン訛りのスペイン語で「わたしたちはサンホセで老人ホームを運営しているの。ボリビアでは老人は捨ててしまうから」という。

その後ぼくはサンタクルス、ラパス、ウユニ、ユンガスなどを訪れたが、空港やホテルはとても効率的に運営されていた。近代的な都市なのだ。その秘密は、最貧国だとして、世界中から援助が集まってきたからだろう。援助は先進国の文化やインフラや効率をもたらす。しかも多くは踏み倒しなのだから、ある意味国にとってうまい戦略である。また土地に根差した先住民文化や歴史が国の運営にも好結果をもたらしたと推測できる。その反対に、産油国のベネズエラはつまらないイデオロギーにかかわっているうちに、南米で最も非効率で、インフラが全く機能せず、食糧や薬品も不足する最貧の、泥棒たちにだけに住みやすい犯罪王国を作ってしまった。他国へ逃げ出した難民の数は四〇〇万人を超える。

パラグアイ人のほうは、材木をオランダに輸出する企業に勤めていた。「植林しながらやっているけど、ボリビア人はまったく怠け者だから、ぜんぜんだめだよ。たとえばパラグアイにはこんなぼろいバスはないよ」

中距離バスとしてはベネズエラの水準よりはずっとよかった。そういうパラグアイ人も、昨夜寝過ごしてしまい、駅を乗り越してしまったのである。

バスはリモンシートに入った。ここは鉄道復旧工事の東側の端になっていた。チョチス以上に何もない場所だった。労働者向けの弁当をある民家で作ってもらっていて、そこには何度も訪れた。庭は広くてさまざまな果実がなっていた。JICAの報告書にはリモンシート人口五〇〇〇人、チョチス四〇〇〇人などと適当に書かれていたが、実際はリモンシート五〇〇人未満、チョチス一〇〇〇人未満というのが実態に近い。ボリビアの統計によると二〇一二年チョチスの人口は六三五人である。

チョチスの今昔

バスは九時ごろにチョチスに入った。途中、「聖地チョチス」とか「ロボレ区内、文化自然遺産」という看板を見つけた。いつの間にかチョチスは、エコツーリズムの基地、そしてローマンカトリックが正当に認定したカトリックの聖地となっていた。

バスは懐かしい広場でとまった。教会、バスケットコート、病院、プーラの家、食材を購入していた肉屋のカルロスの家などに囲まれていた。降りると、かつて村長の家があった場所に、以前はなかったホテル・ペリグリーノ（巡礼ホテル）があった。村の中では唯一のホテルに違いなかった。行ってみると、新しくて清潔そうだった。部屋の外にダイニングがあり、コーヒーを飲めるようになっていた。ダイニングと部屋を結ぶ通路にはハンモックが二つ吊ってあった。そこにチェックインし、荷物を置いた。客はぼく以外誰もいなかった。白髪の主人は長身の感じのいい男だった。一見してそれなりの教育を受けたことがわかった。彼はぼくがチョチスにいたころは別の街にいたといった。

さっそく駅のほうへと歩いていった。広場の端に公衆電話が一つできていて、数人が列をなして順番待ちしていた。電信柱もたくさんあった。電気が来ているのだ。昔と違い、テレビを見られるのだろう。

広場の角の十字路に至ると、ある家の庭の前に中年の褐色の肌の女が二人いた。二人ともノースリーブの服を着て、見覚えのある女はジーンズで、もう一人はジャージのようなズボンをはいていた。そのうちの見覚えのある背の低いほうがじっとぼくを見て、「あなた、ケンジでしょ！」と顔をくしゃくしゃにしてぼくの本名をいった。ぼくにも若いときの面影があったのだ。だがとっさにその女が誰だかは明確にはわからなかった。

「何年振りにきたの」

「二二年ぶりだよ」

「ああ、驚いた、死ななけりゃ会えるというのは本当ね」

そういって、もう一人の女にいった。

「ケンジ、プーラ・ムニェスを好きだった」

ぼくは彼女の声から、誰だか目星をつけた。だが名前が思い出せない。

「きみは、女の子三人キャンプで働いていたうちの、誰だっけ？」

「わたし、アデーラ、アデーラよ」

「ああ、アデーラ、随分やせたな」

とたんに思い出が蘇ってきた。ぼくがプーラとぼくの部屋で抱き合っていると、アデーラが外で洗濯物を干しながら、笑っていたものだ。宿舎の掃除や洗濯のために、他にアデーラの姉のアデリータが働いていた。アデーラはもっとふっくらとしていた印象がある。

「ケンゴは何度もここにきたことがあるわ、ほら、チェーラを好きだった」

ケンゴは日系人の中で最も若く、たしか一〇代後半か二〇代前半だったはずだ。モーターカーの動きを指示する通信を担っていたが、あまり仕事に熱心でなく、途中からほかの若者に変わった。チェーラは教師の家庭に育った三人娘で、三人全員恋人が日系人だった。チェーラはそのなかの末っ子で、その当時一七歳ぐらいだっただろう。均整のとれた身体つきで、黒髪で魅力的な少女だった。

「どこへ行くの？」

「駅のほうへ」

「わたしの家によっていってよ、コーヒーがあるわ」

もう一人の女性がいった。二人は庭の柵に半ばもたれかかっていたが、その庭の家が彼女の家だった。庭は広くて、犬が二匹いて、どこの誰の子か分からない子供が椅子に座っていて、洗濯ものが干してあった。

ぼくは朝のコーヒーが飲みたかったので頷いた。

「じゃあ、ケンジ、わたしは行くわ、うちにも遊びに来て。ごはんをごちそうするわ」

アデーラがそういって、友人の家から他のところに歩いていった。ぼくは見知らぬ女性に招かれて、庭を通って、母屋へ入った。

「パパ、ケンジよ、覚えていて」

そこにはメガネをかけた初老の男が椅子に座ってコーヒーを飲んでいた。もみあげも白くなっていたが、わずかに見覚えがある。

「ああ、覚えているよ、おれはモンテーロだよ。ラボラトリーにいた」

ラボラトリーは豊島の担当で、土の材質や比重を計っていた。ストライキのときに石を投げられたのは、ラボラトリーの横で作業していたコンクリート打設のための生コンプラントだった。ぼくはテーブルの前の椅子に座った。女性がテーブルの上のポットからコーヒーカップにコーヒーを注いでくれた。

「わたしはプロジェクトがあったとき、ここにはいなかったのよね。エリセアっていうの」

エリセアは、当時は一〇代後半か二〇代前半だろうから、サンタクルスかプエルトスアレスで学校に通っていたのだ。

口をつけると、ブラジル産コーヒーの味は変わらずにうまかった。食堂でよく淹れたてをイトウさんのおばさんにもらったものだ。

父親がかつての上司についてきいた。

「豊島はどうしている？」

「ペルーにいるはずだけど、何年か前に日本で会いましたよ。でかいプロジェクトを狙っているようですよ」

「おれは土壌の標本を外でとっていたけど、豊島に呼ばれてラボラトリーに入れられたんだよ。そのうち親方になったよ」

土工から出世したのだ。

「覚えているわ。学校の休みに帰ってきたら、パパはとっても誇りにしていたの。赤いヘルメットになったってとっても喜んでいた」

ヘルメットの色が職種や地位を表していた。ぼくは何人かの例外を除いてチョチスの土工の男たちとはさほど付き合いがなかった。彼らのそのような喜びに思い至ることはまったくなかった。

「あれから、二〇数年か」

モンテーロはそういってため息をついた。そして、ぼくとともに当時のさまざまな回想にふけった。彼にとってもぼくにとってもあの工事は人生の特別のものだったのだ。

コーヒーを飲んで礼をいってから、ぼくは席を立った。

「昼ごはんに来てね。ごちそうするから」

彼女はそういってぼくを見送った。

ぼくはそのままキャンプがあった方向へと歩いた。背後のごつごつとした原始の世界を彷彿（ほうふつ）させる赤褐色の岩山のテーブルマウンテンは、変わらないままこのチョチスの村を睥睨していた。そして小高い丘に建っている、昔の我々のキャンプがぼくの目を釘づけにした。それは存在した。けれどもまがいのない廃墟として。綺麗さっぱりなくなっていると想像していたが、むしろこのような形で存続していることで月日の流れの冷厳さが一層胸に迫ってきた。

歳月人を待たず。二二年の星霜が振り下ろしてきた、苛烈な自然——裏山からの山背のような風、アマゾンの豪雨と強い陽射し——が壁の横板、窓、屋根、床を風化させ、侘しい廃屋としていた。あの当時の思い出を共有しない者にとっては無用の遺物だった。

ぼくはくるりとキャンプから半ば背を向け、キャンプと並行した方向にある駅へと足を向けた。中に入るにも、それを直視するのにも、何か心の準備が必要だった。悲喜こもごもの思い出が蘇ることが恐ろしかった。なぜかわからないが怒りにも似た感情があった。

線路の砕石の上を踏みしめるようにして歩いた。砕石はいくつかの候補からピオコカ(Piococa)と呼ばれる砕石場が選ばれた。石の質や形状が良かっただけではなく、線路へ続く引き込み線があったからでもある。ぼくはそこに行ったことがなかったが、凄まじい暑さで、しかも衣服の上から夥しい数の吸血蚊が吸い付き、上半身が黒く見える程だときいていた。

その時入れた砕石のままではなかろうが、石は均等に敷かれていたし、線路の鉄もひん曲がっているようなところはなかった。保線班が以前よりはよくメンテナンスしているに違いない。線路の上を、以前と同様にどこの誰のものかわからない豚が数匹歩いていた。

駅は昔の駅の向かい斜めの場所に立っていた。木造の掘立小屋ではなかった。鉄筋のコンクリート作りだった。プラットホームさえあった。駅長室と書かれた部屋からは、懐かしいガチャン、ガチャン、カチャカチャ、ザーというタイプライターの音が聞こえてきた。ドアを叩くと開けてくれた。

いるのは若い男女だった。それは一目で夫婦だとわかった。二人とも高地のコーヤの血が濃く、サンタクルス州の出身ではないことが明白だった。以前は中年の男が一人、駅長の役についていた。脱線が頻繁なので、始終無線電話の周波数を合わせながら、怒鳴るような声で他の駅の駅長と話をしていたものだ。

ぼくがこの鉄道工事に携わったことを説明すると、若い駅長はお世辞もあるかもしれないが、「ここの鉄道は鉄橋も線路も作りに一部の狂いもありませんよ」といい、恥ずかしそうに「まだここにはインターネットがひかれていないからタイプなんです」と付け加えた。ぼくは、電車の中で知り合った乗客もチョチスの仕事は素晴らしいといっていたことを思い出した。

駅長に三日後のサンタクルス行きの列車の切符を頼んでから、その足で、キャンプから最も近くにある鉄橋へと歩いた。その途中の右手に、行きつけの酒場の「甘い唇（ピーコ・ディュルセ）」があったが、もう営業しているわけがないと思った。列車に轢ねられたヘラルド・サラサの肉片を拾っていたのもこの付近だった。

そして、一九八八年二月二七日の猛烈に暑い日、この橋のすぐ手前の線路で、日本大使、運輸通信大臣、ＥＮＦＥ所長、大成建設幹部、ＯＥＣＦ（海外経済協力基金）幹部らがテープカットし、ハッピを来たイトウさん夫婦の娘二人が彼らに花束を渡し、そして一番列車がブラジルに向かって走り抜けていった。ぼくはそれを昨日のことのように思い出した。

橋は遠目にもそして近づいても、何ら以前と変わることなく頑丈に立っていた。もちろん塗装は、ところどころ剥げて赤く錆びてはいた。銘板に「ENFE 1987 TAISEI－NIKKEN」と記載されている。ぼくはエンジニアではないがこのプロジェクトに参加できたことを少しは誇りに思えた。大成と日建の技術者たちは、竣工式で運輸通信大臣が述べたように不朽の作品を残したのだ。

もちろん、新たな現実もある。駅の反対側の広場にはサンタクルス行きのバスが止まっていた。バスのほうが快適で早いに違いない。この鉄道はもう廃線になるとか、ベネズエラのチャベスが買うとか、そんな話も列車の中で耳にしてもいた。

ぼくは橋から離れ、朽ち果てたキャンプを訪れるのは明日にして、週末に始終訪れていたディスコのソコサに行ってみることにした。それはキャンプのすぐ前だ。週末の夜は、大音響で陽気なクンビアやサルサを流して、若い男女を集めていた。ぼくもそこで多くの男女と知り合った。

庭をディスコにして簡易の柵と屋根で囲ったソコサは更地になって、持ち主の家だけはそのまま存在していた。見覚えのある太った女将が垣根によりかかっていた。

「あ、あなた、ここにいた、ケンジね」

彼女も常連だったぼくを覚えていてくれた。

「ケンジ、もうソコサはないわ。四年前に息子がここで殺されたの。ナイフで刺されて。

あの頃はまだこんなに小さかった。それで全部売ってしまったの」

　絶句した。もう顔は覚えていないが、息子は二歳か三歳だったはずだ。ぼくも、そして他の日本人も膝に乗せたことがある。他の子供たちもこのディスコの周りを鶏といっしょに駆け回っていた。ぼくは彼女にかける言葉もなかった。若いみそらで彼は死んだ。年月が逆流していくようで、ぼくは急に泣き出しそうになった。

「ねえ、あとでご飯を食べに来て、焼き肉をやるから」

「ええ、わかりました」

　それから、ぼくは村の中をめちゃくちゃに歩き回った。まるで初めて来たときのように。広場、教会、バスケットコート、プーラの家、ほかに仲の良かった女性や男性の家の前。まるで、みんな死に絶えたというがごとく、知り合いに会わなかった。唯一、広場で二〇代後半ぐらいの若い男に話しかけられた。彼はぼくがいるころ、学校に上がる前の子供だったが、日本人がいたのは覚えているといった。ソコサの子供も生きていれば、彼と同じぐらいの年齢になっていたはずだ。当時、ボリビアの平均寿命は五〇歳代後半だったと思う。先進国の人間は勘違いするが、六〇代、七〇代の老人がいないわけではない。そこに到達する前に、乳児のときに病気か事故で、青年の時に病気か事故か事件で命を落とす。それらの死のハードルを超えた人間は、心身も運も強く長生きするのだ。

　昼飯に呼ばれる前に病院に行ってみた。ここにはラパスから派遣されているジョニーという医者がいた。ぼくは通訳として時々、病気になった日本人を連れていった。アデーラが、もう一人のプーラが入院しているというのだった。小学校の先生のプーラ・カンポはファンの愛人だった。病室に行ってみると、驚いたことにドーニャ・ルーチャが生きて存在していた。彼女はぼくらのオフィスの清掃をしていた。その当時、四〇代後半だったと思う。おしゃべりで噂話の出どころだった。プーラ・カンポの母親である。

「ああ、ケンジ」

と彼女はぼくを見た。ルーチャは以前より痩せて、そして顔の皺が増えていた。きっと、アデーラがぼくが訪れると前もって告げていたのだろう。さほど驚いた様子ではなかった。プーラ・カンポはベットに寝転がって点滴を受けていた。ぼくが来たことを知ると、枕で顔を隠した。シャーガス病だという。顔に出来物が噴出していたのかもしれない。あるいは病気でやつれた顔を見せたくなかったのかもしれない。もし彼女が健康だったら、いっしょに多くのことを話せただろうに。

ぼくはシャーガス病など考慮の他だったが、案外重病で、このぼくだって感染しているかもしれないと今になって心配している。中南米に生息するサシガメという虫に刺されることで、リンパ節、肝臓、心筋炎、心肥大、脳脊髄炎などの障害を起こす。心臓発作で突然死というのもある。やっかいなことに、一〇年とか三〇年とかかかって発病することがある。サシガメは土壁や萱葺き屋根の家に生息しているというのだから、まさにチョチスの病気だった。何年か前に工事長の山岸にあったとき、彼は心臓を患っていた。今になって思うがシャーガス病を罹患したのかもしれなかった。

プーラ・カンポが治療中で話もできないので数分留まっただけで病室をあとにした。その足で、ぼくはモンテーロの家に行くかソコサに行くか迷ったが、結局最初に招待されたモンテーロの家に行った。アデーラも来ていた。モンテーロの二〇代後半であろう息子もいた。

食事はカレー風味の鶏肉だった。有難いことに鶏を一羽か二羽絞めてくれたのだ。ごはんは長粒米、そして甘酸っぱいタマリンドのジュースを出してくれた。食事をしながら、再び互いの知人の消息を話した。肉屋のカルロスはサンタクルスに引っ越し、保安官一家はスペインに移住していた。

ぼくの友人たちの噂話になったところで、エリセアが「なぜあなただけもうひとりのケンジを残していかなかったの」と責めるようにいった。そうだ。ぼくの悪友たちはみな、この村に贈り物を残していた。プーラ・カンポにも子供が、そしてぼくが一時愛したプーラ・ムニェスにも娘が、今いっしょに食べているアデーラにも娘がいた。みな二二歳か二三歳になろうとしていたのである。モンテーロの息子が「男と女のことだからな、なんでもありだよ」と若年寄のようにしたり顔でいった。自身がそのような関係を結んだのか、あるいは周りがそうだからか、男女関係はすべてが許されるかのようである。

考えてみれば男女関係に限らず、この村は寛容である。犯罪者も悪党も嘘つきも未婚の母もすべてを受け入れてくれる。こんな自分でも生きていいと思わせてくれる。息苦しくない。人はほっと息をつけるのだ。

ぼくは食事をごちそうになったあと、お礼をいい、席を立った。長旅でさすがに疲れていた。巡礼者ホテルにもどり、ベッドで午睡(ごすい)をとった。起きた時にはもう夕方で、うつつにミサを知らせる鐘が鳴っているのを聞いた。

冷たい水のシャワーを浴びて、着替え、広場に出て、教会へと歩いていった。風が少し出ていた。日がちょうど沈もうとしている。二年間見てきた熱帯林と空を区切る地平線に巨大な太陽が落ちようとしていた。それはいつ見ても圧巻だった。

すでに広場や村の街灯が灯されていた。二二年前は闇が覆っていた。発電機は始終壊れていた。

教会に着いて、ミサを以前と同じように一番後ろで見た。終わりに近づいていて、子供たちの讃美歌隊が澄んだ声で歌をうたっていた。それが終わると、神父がアーメンといい、一部の人間が前に進み出て聖体を受けていた。

ぼくは教会から出て、知り合いが出てくるのを待った。だが、また会ったのはアデーラとエリセアだった。二二年もたてば、みな村を出て行ってしまっていたのだ。いや、もうひとり知り合いがいた。

「ああ、びっくりした、何で言わないのよ、ケンジ、わたしよ、マルタよ。うちに来て！」

びっくりしたのはぼくのほうだった。ぼくは幽霊に出会ったかのように、以前よりもふっくらとしたマルタを目をぱちくりさせて見ていた。

第16章 アマゾンのピカレスク

女は騙され孕み、悪党は兄たちに撃たれ、逃げる。そして時を経て…

線路は風雨に耐えて素晴らしい状態で存在していた。

女はなぜか悪党が好き

マルタはぼくが赴任したころは、ラパスから赴任していた医者のジョニーと付き合っていた。のちに全員が日系人と付き合うことになる三姉妹のうちの次女で、他の二人よりも肌が浅黒く、痩せていた。黒い髪の毛はやや縮れていて、アフリカの血が混ざっていることを窺わせた。顔は骨格が浮き出ていて顎は細くとがり、目じり幾分つり上がっていて、男ならばとくに悪意もなくチーノというあだ名がついていたことだろう。控えめなアイシャドーのせいもあって、熱帯の女には珍しく、あっけらかんとした陽気さだけではなく、その顔にはなにか沈むような陰りがあった。南洋の女たちの精神は、悲惨や悲しみを明るく陽気なリズムで歌うクンビアと似たところがあった。しかし彼女はその細身の体質のせいか、あるいは教師という職業の為せる業なのか、そこから外れて何か思いつめるようなところがあった。

ぼくはジョニーといっしょにソコサでスティーヴィー・ワンダーの「パートタイム・ラバー」にのって細かなステップを踏んで痩せた身体を小刻に動かしている彼女を何度も見かけた。

マルタの実家には一度だけ訪れて夕涼みをしたことがある。最初次女のマリアはレンの恋人だった。ぼくは彼に連れられてマリアの家に行った。そのとき、マルタもいっしょに家から出てきた。

風雨がなければ、村人は夕刻から夜の時間は軒下に涼んだ。家の中は蒸し暑かった。電気がないのだからクーラーなどはない。夜空はともかく美しかった。天頂には広大な天の川がかかっていた。軒下には、父親や母親や弟も出てきた。通りでは夜遅くまで、子供がビー玉に興じたり、でんぐりがえしをして遊んでいた。ぼくたちは星座の話をした。マルタもぼくと同じ星座だった。母親は、同じ星座で「子づくりをすればいいよ」といった。だがマルタはぼくの趣味ではなかった。

そのうち、マルタは医者とではなく、新たに赴任した日系人二世の高宮とソコサに来るようになった。この高宮はまさにアマゾンが作り出した、ピカレスク（悪党）の典型だった。

彼は二つある移住地のうちのサンファンの出身だった。サンファンには、五〇年代、六〇年代に、炭鉱不況の長崎、進取の気性を持つ岡山、やはり炭鉱不況の北海道などから移住した人間が多かった。一方、米軍に土地を占有されたことから手狭になった沖縄からの移住者の移住地は、オキナワと呼ばれている。

初めて赴任する高宮と、休暇をとっていたぼくは、たまたまサンタクルスからチョチスへ向かう特急（フェローブス）の中でいっしょになった。彼は、色白の優男で病気でも持っているのではないかと思わせるような容姿だった。とても鉄道現場の汚れ仕事をするようには見えなかった。なぜかぼくは、太宰治を思い出した。情死、薬物中毒……。電車の中で、彼は懐に忍ばせたウィスキーを取り出して、ちょびちょび飲んでいた。

高宮は「彼女できましたか？」とぼくに聞いてきた。ぼくは首を振った。

「もったいない。小さい村でもあのへんは結構美人多いでしょ。僻地での狙い目は小学校の先生ですよ。少しは頭もあるし、外の世界に興味がありますから。いくらでもやれますよ。それにぼく、種がないから、だいじょうぶなんだ。避妊具なしでも。以前、マラリアになったからね。医者にきちんと調べてもらったんですよ、あははは！」

高宮はそういって素面（しらふ）なのか酔っているのかわからない顔つきで、酒臭い息を吐き出して笑った。

列車の中で予告したとおり、高宮は村に赴任してひと月もしないうちに、小学校の先生のマルタを医者のジョニーから奪った。それだけではなく、あちらこちらの若い女と浮名を流していた。

一方、仕事のほうはからっきしだった。なかば二日酔いの頭で、線路に立っていた。

時々スペイン語も日本語も呂律がまわらないようだった。ひとりであっちこっちで飲みあかし、朝から酒臭かった。それもつけで飲んでいるので、給料日には、酒屋の女将がオフィスの前で待ち構えていた。だが高宮はその日は必ず休み、一日前にちゃっかり給与の前借りをしていた。そのうち、酒屋の女将たちは、総務部にメモをもってきて「給与から差し引いて支払ってくれ」と依頼するようになった。

数カ月してマルタはまた医者といっしょにディスコに来るようになった。きっとそんな高宮に愛想がつきたのだろう。彼は一五歳の金髪の女とねんごろになっているという噂だった。

すっかり、二人は別れたのだと思っていたが、しばらくして村に妙な噂が流れた。高宮とマルタが結婚したというのである。マルタの兄弟と親に強いられ、無理やり婚姻の書類にサインしたのだという。

久しぶりに高宮と飲む機会があって、その真偽を問い質すと、

「だれが結婚なんかするもんか。あの結婚は不当ですよ。兄たちに無理やりサインさせられたんだから。でも最後におれはサインの上に×をつけたから、結婚は無効ですよ」という。ここまでくると犯罪めいてくる。

ぼくがこのとき思い出したのは、コロンビアのノーベル賞作家、ガブリエル・ガルシア・マルケスの『予告された殺人の記録』だった。あの小説の中では、結婚前に処女を奪われた妹のために、兄二人がその下手人と思われるアラブ系の若者を豚のようにめった刺

しにして殺した。小説ではあるが、コロンビアの小さな町で起こった現実の事件を題材にしていた。小説の中の兄弟は屠畜を仕事としていたが、マルタの家は教育一家だった。高宮は酒場で、金髪の若い女を膝に抱きあげながら、「こんなかわいこちゃんがいるのに、なんで結婚なんかするもんか」といって、女と口づけるのだった。

ところが、プロジェクトが終了するかしないかのころだった。村に駆け巡ったのは、もっと陰惨な噂だった。いや、それは噂ではなく本当のことだった。マルタは高宮の子を身ごもったが、彼は結婚を承諾しないし、子供も認知しないことから、将来を悲観して毒を飲んで自殺を図り、今ロボレの病院で生死の境目にいるという。

キャンプの前で、食堂を管理していたイトウさんはロボレの方角を見ながらぼくにいった。「あいつは最悪の人間たい！　よくもまあ病院にもかけつけずにいられるよ。屑だ！」

高宮はそんなことは馬耳東風でその夜もその次の夜も酒場で酔っ払っていた。「甘い唇」でレン、フアン、マグネといっしょにいつにもまして酔っ払っていた。空のビール瓶がテーブルの下にどんどんたまっていった。酔った高宮は、顔を赤らめながら、泡を吹くように自身の潔白を吹聴（ふいちょう）するのだった。

「あれはぼくの子じゃない。だって、ぼくは種なしですから。医者のジョニーの子供でしょ。それにいっしょに踊っただけじゃ子供なんかできないのは、子供でも知っているでしょ」

二〇本ぐらい飲んだときだった。ついに来るべきときが来た。

外から夜空を劈く怒声が響いた。マルタの兄二人だった。

「高宮、出てこい！」

「ここにいるのは知っているんだ！」

「妹は生きるか死ぬかの瀬戸際なんだ！」

「それなのにおまえは今日も飲んだくれてんのか！」

「子供をどうするんだ！」

「おい。高宮、出てこい！」

彼らは、幸いなことに用心をして鍵をかけて貸切で飲んでいた。

全員が無言で息を潜め、顔を見合わせた。高宮の赤らんでいた顔は見る間に蒼ざめた。

兄たちは、ドアをばんばん叩いてきた。

「出てこい、高宮！　出てこないと撃つぞ！」

酔っ払いたちは、その言葉にあわててテーブルの下に身を隠した。床に置いてあった空のビール瓶が横になってコロコロと転がっていった。

「よーし、撃つからな」

バン！　バン！　バン！

バン！　バン！　バン！

銃声が響き、銃弾は厚い木板を突き抜けて、店の壁につき当たった。

兄たちは合計六発撃った。そのまま外は静かになった。そして、捨て台詞を吐いた。

「いいか、高宮、生きているか死んでいるか知らないが、もし今度見たら、ぶっ殺してやるからな！」

兄たちは店の前を去ったような気配があった。けれども彼らは、一〇分以上、そのままの姿勢でいた。みな酔いが冷め、真っ蒼な顔をしていた。結局その夜は酒場で夜を明かし、明るくなってからキャンプへ戻った。高宮はこのときばかりは顔面蒼白で、軽口を叩くことさえなかった。

この話はレンとファアンから翌日聞いたのだが、思うに兄たちは人殺しになりたくなかったので、わざわざ撃つと断りを入れ、あたらないように威嚇したのだろう。彼らは兄としての義務を果たし、体面を保ったのである。

その日のうちに、高宮は姿を消した。大きな借金を残していた。夕方には噂を聞きつけて酒屋の主人たちがオフィスにざわざわと集まってきたが、会社が個人の飲み代を建て替えるわけにはいかなかった。

その後、間もなくして、ぼくも現場をあとにしたので、マルタと腹の中の子供がどうなったかわからずじまいだった。高宮の消息も不明だった。だからぼくはマルタを見たとき、一瞬幽霊に会ったような気がしたのだった。

カラオケで飲む

教会から一〇〇メートルも離れていない場所にマルタの家はあった。ベッドルーム、キッチン、居間があるだけの狭い家だった。そこの壁を見てぼくはまた驚いた。高宮の写真が貼られていた。もちろん、それは彼ではない。彼のコピーだ。瓜二つだった。つまり母子ともに助かったのだ。

生きていたマルタはぼくにコーヒーを出してくれていった。

「いま、息子はサンタクルスの大学に行っているわ。奨学金をもらって、環境経済を勉強しているの。高宮とは全く会ってないわ。あれからどうにか、教師の給与で育ててきた」

「まったく会ってない？」

「サンファンの実家に一度行ったことがあるし、機会があればあっちの親とも話すわ。日本に行ったきりどこにいるかわからないって。癌で死にそうだって聞いているわ。どこにいるかわからないのに、死にそうなのはわかっているって変よね。本当は息子に会ってもらいたかったわ。前に親と会ったときも、高宮はどこにいるかわからないっていわれた」

マルタは一人息子を一人で育ててきたのだ。多産なアマゾンで子供が一人だけというのは珍しい。本当に高宮を愛していたのか、あるいは自殺未遂のせいで子供を産めない身体になったのか。

この時、あえてぼくは当時の話はしなかった。マルタは若いころと違い、暗さは微塵(みじん)もなくあっけらかんと陽気だった。細見だった身体もふっくらとしていた。

「息子は大学を卒業してから、父親に会いたいっていっているわ。サンファンにもそのときに連れていく」

一人で育ててきたことが誇りなのだろう。

「妹や姉はどうしている？」

彼女の姉妹の二人とも別の日系人とつきあっていた。

「ほらケンゴとつきあっていたチェーラは、一番若かったのに二年前に癌で死んだわ。ロボレから日本病院（Hospital Japonesa ＝日本が援助で建てたサンタクルスの病院）にヘリコプターで運ばれて。まだ生きているうちにはケンゴが時々来ていた」

あの当時、一七歳ぐらいだった娘は、四〇歳になる前に死んでしまったのだ。

「マリアはオーストラリアにいるって聞いたけど」

「ええ、聖地を作るときにきた技師といっしょになったのよ。子供も二人いて、時々戻ってくるわ。あっちの冬はすごーい寒いって」

ぼくはついでに気になっていた女性たちの消息を尋ねた。

「トティはどうした？」

一三歳でやはり日系人の恋人となった少女のトティがどんな人生を送ったのか興味があった。彼女は二年間の間に何人かの男を知り、ぼくまで誘惑してきたことがあった。断ると、赤裸々に自分の性体験を語り始めたものだ。

「もう何年も前にスペインに行ったきりよ」

二二年前若かったぼくはうかつにも、日本人はどこにでも行けるが、この村の人間はそうはいかないとノートに書き付けた。そんなことはなかったのだ。保安官の一家と同様にトティは単身スペインに移住してしまっていた。

「姉のレティシアはどうした？」

トティの姉は会った当時、花のように美しい少女だった。

「ああ、レティシアね。ほら、モーターカーの運転手のリベーラとロボレに駆け落ちしたのは知っているでしょ」

「ああ」

プロジェクト終了間近かに確かそんな噂を聞いた。

「子供も二人いたんだけど、何年前だったかしら、リベーラに逃げられて、今は未亡人だわ」

「アデリータはどうした？」

アデリータはアデーラの姉で、宿舎の掃除と洗濯の仕事をしていた三人娘の一人だった。アデーラやエリセアが彼女の話をしないのは、何か不思議だった。職務そのもののあだ名でウェルダーと呼ばれていた溶接工と結婚したはずだったが。

「八年前に刑務所に入って、また入っているわ。ピチカテーロよ」

この事実も絶句するに値した。明るい女性だったが、てっとり早く金を儲ける行為に魅せられてしまったのだろう。ピチカテーロとは麻薬の売人のことである。こうしてみると、知り合いの女性の中で、そんな者があればだが、幸せな家庭を築いた者はほとんどいない。唯一、オーストラリア人と結婚したマリアだけが幸せになったような気がする。

コーヒーを飲み終えると、マルタが唐突にいった。

「ねえ、いっしょにカラオケで飲みましょう」

ぼくたちは家を出て、アデーラとエリセアを誘って、以前はなかった吹き抜けのカラオケ酒場へ入った。古いジュークボックス型のカラオケの選曲機械があった。ぼくたちは、テーブルについてビールを注文した。飲みながら二二年前に流行っていたクンビアやサルサの曲をかけた。マルタは何度もメキシコのグループのブギの曲をうたった。軽快な曲もロマンティックな曲もあった。二〇代前半だったマルタも一〇代だったアデーラも二〇代後半だったぼくもこれらの曲にのって、ソコサで踊っていた。エリセアは別として、彼女らは異性ではあるが、互いの恥ずかしい部分まで知っている同じ場所で同じ時を共有した戦友のようなものだった。ぼくはアデーラとマルタとエリセアと踊った。ときに、ベネズエラやカリブで今流行っているレゲトンも踊った。歳月が巻き戻された。けれども、実際は中年の男女だった。アデーラは四〇歳で、ぼくは五〇歳を超えていた。細かったマルタはぼくと同様に随分太って、顔も丸みを帯びていた。

ぼくらは三時間ほどそこで飲み食いし、店を出た。もう夜の一二時近くだった。村は以前と違い明るかった。街灯が村を照らしている。その代わりに、かつて見た美しい満天の星々は光に遮られまったく見ることができなかった。文明は利便性をもたらすとともに、大事な何かを残酷に奪いとってしまうのだ。

その夜、チョチスの憤怒の風がものすごい唸りをあげた。そして雨が降った。どこかでロバが鳴いていた。暑かった。蚊が何匹かいて、なかなか寝付かれなかった。

第17章 苦い再会

今、援助の不都合な真実が蘇る。

我らがキャンプは、食堂もオフィスも宿舎もすべて朽ち果てていた。

思い出す最後の日々

翌朝、足が痒くて起きた。くるぶしを中心に真っ赤なぼつぼつがいたるところにできていた。蚊だけではなく、ダニにも食われたようだった。用意してきた痒み止めを塗ったが、ほとんど効き目がなかった。

以前の滞在中に、砂蚤に右足の親指を巣食われたことがあった。指の内部に卵を産み付け孵化させる。フアンに「蝶々になって指から飛んでいく前に治療しなきゃ」といわれた。親指の深い穴に針を入れて卵を掻き出し、穴を火で炙った思い出がある。不思議に痛くはなかったし、蝶々は飛ばなかった。今回はただの蚊とダニだが、始終痒いので耐え難い。

外へ出ると、雨はやんで霧がかかっていた。ぼくは朝飯を探して村の中を歩いた。旅行者にとって、村に食堂がないことが、最大の問題だった。親戚や知り合いがいなければ、誰かの家に寄宿するしかない。それでも朝飯屋だけは見つけた。エンパナーダ屋だった。エンパナーダとはパン生地に肉やチーズや時に魚を包んだものをいい、中南米全域にある。ぼくはそこでチーズと鳥肉のエンパナーダ、コーヒーを飲んで腹を満たした。そして、一度ホテルに戻り、冷たいシャワーを浴び、Ｔシャツ、ショートパンツという軽装で、昨日訪れなかった朽ちたキャンプへと向かった。

　キャンプの中へ入った。以前は鉄条網があり、入口には余り役に立たないガードマンが立っていた。オフィスは掻き消えていたが、ＪＡＲＴＳ、ＥＮＦＥの宿舎や食堂はほぼそっくりそのまま残っていた。ＥＮＦＥはぼくたちが去ったあとも、何年かの間、線路の補修などで来たときに使っていたからだろう。一方、ぼくたちがいた大成日建の宿舎は無残だった。トイレや風呂がどこにあったのかもわからない。フットサルコートは見当たらない。イトウさん夫婦が仕切っていた食堂も半分崩れ落ちて、朽ちた板が床にちらばっていた。ぼくはここで日本食を食べ、噛み切れない牛肉を飲み込み、牛の頭を食べた。そして背後の今は崩れ落ちた宿舎でプーラと出会い、抱き合い、そして組合委員長のビクトールとひそかに話をした。隣の労働者側キャンプにあったフットサルコートでぼくは頭を強打し、出血を止めるためにタオルを巻いていた。そして酔っぱらったガードマンにわざと殴られた。ここはまさにぼくの青春そのものだった。

　今は、雑草の中に錆びた線路や、台車が置きざりにされていた。ところどころ豚が歩き回っていた。ぼくらの世代の人間が死に絶えてしまえば、ここに日本人やほかの街から来た人間やブラジル人がいて働いていたことなど、この村の神話になってしまうに違いなかった。実際、二〇二〇年にNHK－BSプレミアム「行くぞ！ 最果て！ 秘境×鉄道ボリビア編」でこの鉄道が紹介され、熱帯雨林の中で揺れ動くフェローブスが映っていた。だがこの鉄道の一部を日本企業が作ったということは、まったく言及されることはなかった。いい思い出も悪い思い出も、記憶は失われてしまう。

当事者であるぼくは、自然と最後の日々のことを思い出していた。

このキャンプの前で、竣工式の日、一番列車を迎えるために日本とボリビアの大使や高官がこぞって集まっていた。ボリビア軍の楽団が盛大な音楽で式典を盛り上げていた。ペトロビッチ運輸大臣は日本国民への深い感謝の念を述べた（巻末「付録2」に掲載）。

日本交通技術株式会社の滝野はこう書いている。

「今年二月二七日、ボリビア共和国、国鉄東線、大災害の中心地チョチスにおいて、ペトロビッチ運輸大臣、伊藤駐ボ大使、OECF、JARTS、大成建設の最高幹部を始めとする工事関係者約七〇名が多数の地元民が見守る中、簡素にして厳粛、盛大な竣工式が開かれた。

災害以来一〇年目にしてこのプロジェクトを育て完成に導いた幾多の関係者の労苦が報われた日であった。この式に参列された関係者にとっては過去の過ぎ去りし日々の感慨が頭の中を占める一時をもつ幸を私と同様味わわれたのではなかろうか」

そのあとは寂しい日々だった。チョチスの祭りの終わりだった。工事終了とともにみな解雇されてゆき、街から来た人間もブラジル人も日本人も各々の場所へと帰り始めた。

一方、村では酒場やディスコや肉屋だけが富を蓄え、他の村人たちは格差ができたことにはっと気が付き、とりわけ、妻たちが、日本人がいるうちにさまざまなものをおねだりし始めた。材木、鉄材、スレート、文房具にいたるまで。とりわけ、文明の象徴である発電機は垂涎（すいぜん）の的だった。村は何度か発電機を寄贈してほしいと依頼したが、高瀬所長はほかの現場で使うといって取り合わなかった。再輸出するための暫定的な輸入手続きを踏んでいたに違いない。それが禍根となった。

村の空気は荒れ始めていった。ファンが闇討ちにあって怪我をした。レンは給料支払い日にはどこからか入手した拳銃を机に置いて威嚇していた。

そんな不穏な空気の中、残されたのは、ファンのようなボリビア人、二世、一世と、工事の日本人責任者の山岸だった。フィリピン人のレンも海外契約なので、早めにサンタクルスの事務所に戻った。ボリビアではなく、日本で契約している人間から帰されたのは、それは命の重さ、労災保険の金額や給与の高さにも従っていたからだろう。

もちろん、ぼくも村を出た。一人、夕刻に駅で列車を待っていると、「えー、ケンジまで行ってしまうの？」と、見たことのない美しい女に声をかけられた。うなずくと女はいうのだった。

「こんなことだったら、あんたらなんか、来なければよかった。みんな帰っちゃって淋しくなるんだから。チョチスは誰も見向きもしない小さな村にもどるんだわ」

ぼくは答える言葉が見つからなかった。

数日、ぼくはサンタクルスの事務所で残務にあたった。

ある日、無線でせっぱつまった連絡が入ってきた。まだ村に残っている山岸からだった。その日は、モーターカーに発電機を載せて、サンタクルスに持ってくる予定の日だった。

「村人が山ほど集まって、発電機と貨車を囲んでいる。出発できない！」

総務課長の今関が対応した。

「どうにか走り去れませんか。発電機を守ってください」

「だめだ。みんな、棍棒を持っている。危ない、危ない、やめなさい、あー」

結局、発電機は、村人たちに力づくで奪われてしまった。

もうひとつ村人の怒りが発露したときがある。これもぼくがチョチスを去り、ボリビアを去り、数カ月したあとのことだ。ENFEのボリビア人とJARTSと大成の人間がメンテナンスの視察のために、久しぶりにチョチスをモーターカーで訪れた。そのとき、彼らは石を投げられたという。

「おまえたちのおかげで貧乏になった！」

村人たちはそう叫んでいた。

若かったぼくは、我々は村の変容に責任があるのではないかとノートに記載した。

先進国と途上国、都市と僻地、文明と文明。ほとんどの場合、先進国と都市の文明が後者を侵食し、その衝突の時、誰かが傷つき、血を流す。いや、同じ場所、同じ地域にあってもそうだ。それはバブルの後の日本やコロナ禍の今を見れば一層明らかだろう。社会の変革時、ほんの一握りの人間が千載一遇のチャンスをものにする。そして他の多くの人間は没落する。

日本の場合は、バブル崩壊後、金持ちを守るための政策を敷いたのだから、中流階級の没落は明らかだった。累進課税の課税率の最高はかつて七五％（七四〜八四年）だったが、三七％（九九〜〇七年）を経て今は四五％になっている。かつて相続税の最高税率は七五％だったが、今は五五％となっている。所得の再分配は他ＯＥＣＤ諸国と比べても低い(https://www5.cao.go.jp/j-j/wp/wp-je09/09b03020.html)。

一方、人材派遣会社が雨後の筍のようにでき、四万事業所に迫る勢いである。そこにリストラ失業者や就職できなかった若者が社員として吸収され、非正規雇用者は四〇％を超えている。

金持ちはいっそう金持ちになり、多くの中流階級は没落し、それ以下の階級はその位置で固定される仕組みが作られた。社会は流動性を失い、活力も失い、市場も縮小した。またアメリカの圧力で規制を緩和するための大規模小売店舗立地法が二〇〇〇年に施行された。目的は、国民経済及び地域社会の健全な発展、並びに国民生活の向上に寄与することだったらしい。結果はいうまでもない。街や村の零細店舗はどうなったのか？　駅前の商店街はどうなったのか？　改革とは実は改悪の別名だったのである。

結局、財界や政策に携わった経済学者を自認している者たちのおかげで、先進国でも、実際は、途上国型の社会が形成されたのである。チャンスをものにしなかった人間は「自己責任、馬鹿者」とされ、忘れ去られた。

このチョチスでは、肉屋、酒場、ディスコを経営した者たちが、チャンスをものにした。他の人間たちは、いままでなかった貧富の差に気が付き、貧乏になったと感じたのである。貧困とか裕福というのは、絶対貧困（食住がない）でない限り、周りとの比較の問題でしかない。貨幣経済がない場所に貨幣が入ると、その変化は顕著である。日本の援助レポートでは枕詞のように、何の思慮もなく「この地域はいまだ自給自足経済の中に留まっており」などと記載される。自給自足ができるのは素晴らしいことではないか。

一度、貨幣に頼るようになった村人たちは、もちろん全員ではないが、貧しくなったのはこの援助プロジェクトの、日本人や都市の人間のせいと考えたのは、むべなることだった。けれども鉄道はでき、二二年後の今でさえ、それは活用されている。援助の目的は十分果たされたのだ。けれども当時の村人の多くは、自分はプロジェクトに捧げられた供物(くもつ)であり被害者だという感情を抱いたのである。

ここに大規模な援助や投資案件に必ずといっていいほど付随する負の効果がある。本来それは援助機関が前もって考慮しておくべきものだった……。しかしこの当時はそのようなフレームワークはできていない。またできたとして実際に運営できなくては意味がない。

そんな村人たちの記憶はどう共有されているのだろうか？　だがその当時を知る人間はもうさほど残っていない。よりよい生活を求めてどこかに移住したのである。

ぼくは何かいたたまれない思いを抱えて、廃墟をあとにして、線路を越え、この村唯一のスペイン人の雑貨屋へ向かった。日が昇り、暑かった。そして足が耐えられないぐらいに痒かった。腹もへってきた。

雑貨屋は全く同じ場所にあった。隣の倉庫の敷地には、この年ワールドカップでスペインが優勝したからであろう、壁に大きなスペイン国旗が貼られていた。そして、主人のスペイン人は化け物だった。以前から白髪で老けていたからかもしれないが、二〇数年後もその容姿はまったく変わらなかった。むしろ若くなったように見えた。子連れの若い客がつけで小麦とお菓子を買っていた。ぼくはビールとポテトチップを購入した。昼はそれで済まそうかと考えていた。

ところがホテルへの帰りがけに、ソコサのおばさんと出会った。

「ああ、ケンジ、なんで来ないのよ、待っていたのよ」

「ごめんなさい、今日の昼にしてください、お土産（＝日本製の小物）もあるし」

ぼくは昨日すっかりソコサに断りを入れるのを忘れていたのだ。久しぶりの出会いや追憶や思念にかまけてしまっていた。

こうして昼飯はありつけたのだった。彼らは焼き肉とスープを用意してくれていた。主人のエミリオと女将と、かつてのディスコの横の母屋で一緒に食べた。このディスコは二年半の間にかなりの儲けをあげたに違いなかった。最新のテレビとステレオがあった。美しい花が飾られたテーブルをふかふかのソファが囲んでいた。けれども、息子が殺されてしまっては、物が揃ったとて、それが何になろうか。

ぼくたちはまた二〇数年前の話をした。エミリオも、どこの班にいたかはわからないが、ぼくらの会社で働いていた。いっしょに働いていた総務部のメンバーについて聞くと、経理助手のファン、人事部のカルビモンテ、秘書のテレサは行方知らず、マグネだけはサンタクルスにいることがわかった。

いずれにしろ、ぼくはその当時のことをいっしょに語れる珍客として、知人たちには本当に親切に丁重に扱われたのだった。

新たな聖地

昼食の帰りにプーラの家によると、義理の妹のレイーナがいた。

「ケンジ、クッシーが会いたいっていっているわ。明日の夕方ならいるから来てよ」

「わかった、明日発(た)つけど、その前に来るよ」

レイーナの夫のクッシーとは苦い再会いになりそうだった。

「プーラがいればよかったのにね」

彼女はぼくにそういった。小学校、五、六年生ぐらいの子供たちがちょうど庭で遊んでいて出てきた。レイーナとクッシーの子供とその友人である。長男はトウキョウと呼ばれていた。広い庭で着いた当時、日本人を交えてダンスの講習会を一、二度開いたことがあった。

午後にぼくは子供たち四人に誘われて、新たにできた聖地を訪れた。ポルトンのビヤ樽岩を目指して四〇分ほど歩くのだった。以前は線路沿いに行くしかなかったが、今はポルトンに行く道路ができていた。入口の木造の門には「聖母マリア塔聖地（Santuario Mariano de Torre)」と書かれていた。車も走れる立派な道路だった。ぼくは子供たち四人といっしょに坂道を登っていった。途中からは道が途切れ、ぼくたちが作った鉄道の上を鉄橋を見ながら歩いたりした。子供たちは日本からの珍客といっしょでとても楽しそうだった。ぼくはポーズをとった彼らにせがまれて何度も写真を撮った。

時々彼らは観光客に道案内をして小銭をもらっているという。

「でも、あなたからはとらないよ。ぼくの名付け親だからね」とトウキョウと呼ばれる子供がいった。いつのまにか本人不在のうちに名づけ親になっていたのだ。

ぼくたちはポルトンのすぐ下まで上ることができた。そこからの景色は絶景だった。鉄橋や線路、線路を横切る新たな道路、教会を中心とするチョチスの村が、椰子の木々やほかの熱帯林の緑に囲まれ、眼下に広がっていた。

聖地に着くと、そこには思いもかけない立派な建物が建っていた。有名なルルドの泉などといっしょに、ローマ教皇庁が世界で認定した聖地のひとつなのである。つまり、ぼくをこの地に誘う遠因となった豪雨から村人や列車を守るために女神が現れた地が、ここにある祠（ほこら）だった。二二年前も女神が現れた八月一五日にはその祭りが催されたが、以前はただ岩と祠があり、祠の中には女神の人形やろうそくやお供え物が添えられていただけだった。今、立派な建物には、磔(はりつけ)のキリストを含め、何らかを意味する木彫が彫られ、そして美しい花々に囲まれた女神の人間大の像が、両手をあげて豪雨が止まるように祈っていた。

もちろん祠もあった。彫刻の女性の乳房に触ったりして、ずっとふざけあっていた子供たちも祠の前では神妙にして、持ってきた蝋燭に火をつけた。多分、祭りの日には何千人とボリビア中から人が集まってくるのだろう。当時でも数百人の信者、観光客がサンタクルスやほかの内陸からも集まって来ていた。

ひととおり中を見てから、そろそろ村にもどろうと建物から出て坂道を歩いていると、若いカップルとすれ違った。少し歩いていくと、彼らがぼくらのほうに走ってきた。一〇代後半ぐらいの金髪で、ふっくらとした美しい女性がぼくの前に進み出ていった。

「あなたがケンジ？」

きっとぼくが来たことがすでに村中に噂となっているのだろう。ぼくが頷くと、彼女はぼくと同様に日本から派遣で来ていた技師の名前をいい、彼が日本で死んだことを告げた。

「あの人、わたしのパパなの」

唐突だった、ぼくは釈然としなかったが、とりあえず彼女の連絡先を聞いて、なにか日本でのことがわかれば連絡すると告げた。その彼女の母親を、ぼくはまったく付き合いがなかったが、知ってはいた。娘の年齢はどう見ても一〇代なのだから、どう考えてもその技師が父親のわけがなかった。プロジェクトが終了して数年してまたこのチョチスを訪れるわけがない。日本人で訪れるのは、ぼくのような物好きだけであろう。

釈然としない気分で村にもどった。その日は夕方から豪雨となり、裏の原始の岩山に数本の見事な滝が流れ落ちていった。

境界を失う事実と嘘

翌朝、空は晴れ渡っていた。さっそく駅に行って、頼んでおいたサンクルス行きの列車の切符を購入した。出発は夜九時半頃だった。知り合いがさほどいないので、これ以上いても意味がなかった。限界でもあった。ホテルに食事がなかった。蚊とダニだらけだった。足が真っ赤に腫れ上がっていた。先遣隊として村に入った豊島や山岸の苦労を思った。山岸の記録にはこうあった。

「茅葺き屋根の民家の家を借りる。金鳥の蚊取り線香の煙でゴキブリがベッド及び床上に次々と落下。その辺がゴキブリだらけ→日本製の線香でＯＫの証明」

試しに村の端にある旅行者用のキャビンに行ってみた。村から離れていたが、二段ベッドの部屋とダブルベッドの部屋があり、蚊帳（かや）が吊ってあった。けれども食事は出ない。祭りのときには旅行者でいっぱいになるのだろう。また夏休みなどにブラジル人を中心とするエコツアーの客が来るに違いなかった。そこの帰りに道路まで降りてみると、ドライブインのようなレストランがあり、昼食とビールにありつくことができた。他の客はトラックの運転手たちだった。

午後二時に子供たち七人が呼びに来て、キャンプの裏にある岩山の麓の滝壺に泳ぎに行った。昨日、雨が降ったので滝壺はずいぶんと水が溢れ、しかもものすごく冷たい水だった。以前プーラやその親戚の女の子やレンやフアンと遊びに行ったところだった。滝の上の踊り場に上がったり、滝を流れ落ちて遊んだものだ。今子供たちは飽きることなく遊んでいる。ぼくは一度泳いだきりで、冷たい水に恐れをなしてしまった。

村にもどったのは夕方だった。ぼくは約束を果たすためにまずはアデーラの家へ行った。彼女に食事を招待されていた。

彼女の家も居間とキッチンだけの簡易な家だった。でも居間にはテレビとステレオが置かれていた。ラジカセしかなかった以前のチョチスではない。

彼女は鶏肉とチーズのエンパナーダ、そしてコーヒーを用意してくれていた。できたてなので、温かくてうまかった。

家には年の違う娘が一人、息子が二人いた。中学生と小学生だった。誰の子かは詮索しなかった。だが彼女にはもう一人娘がいた。大学生だった。それはぼくの友人のボリビア人のエンジニアの子供だった。ぼくは彼がアデーラと付き合っているとは、その当時知らなかった。彼は真面目なエンジニアでおとなしい性格だった。密かに親密な関係を結んでいたのだ。

「たいへんだったわ、子供が認知されるまで、何度も親にまで会って。一一歳でやっと認知されて。今はコチャバンバで大学に行っているわ。父親の家から通って」

経済的な理由もあるだろうが、男のほうにとっては、本当に自分の子供なのかどうか、不審を持たざる得ない環境でもある。ぼくは彼女の求めに応じて、子供たちと彼女の写真を写した。そして、もしかしてコチャバンバに行く可能性もあるかもしれないので、娘の連絡先をノートに控えた。

アデーラと別れ、今度は約束とおり、プーラの家へ行った。ぼくはクッシーとの再会に身構えていた。

二二年前、クッシーは苦い思いをぼくにさせた。彼もその思いを共有しているに違いなかった。ぼくはソコサの前で彼を組みしき、殴りつけたのである。彼は当時食堂の助手として働いていたが、遅刻が多く、素行も悪かった。しかも淋病にかかり、何日か仕事を休んだ。イトウさんがもうクビにするというので、ぼくは解雇の手続きをした。

そんな日の夜、クッシーは「なんでおれをクビにするんだ。プーラの兄きじゃないか！」といってぼくに殴り掛かってきたのだった。だが、彼はぼくより小柄だった。ぼくは足をかけて彼を押し倒し、逆に殴りつけた。フアンがそれを止めに入った。チョチスで一番の苦い思い出である。

そのクッシーは母屋の庭の椅子に座って妻のレイーナといっしょにぼくを待っていた。

ぼくを見るなり、彼はいった。

「なんだ、ケンジ、随分年取ったな。ひげが白いじゃないか」

たしか彼とは同年だった。彼は童顔だったが、以前とそのままで、ぼくより若く見える。

「ああ、苦労しているからな」

「いま、ベネズエラにいるんだって」

「うん、そうだよ。まもなく日本に帰るけどね」

彼は今、道路掃除の仕事をしているといった。子供は五人だ。

「ケンジが来たってプーラが聞いたら、驚くでしょうね」

レイーナがいった。

「チンゴはどうした？」

彼はプーラの別居中の夫で、以前のぼくの恋敵で、タクシーの運転手としてプエルトスアレスで暮らしていた。

「酔っ払い運転で、橋から落ちて死んだよ。プエルトスアレスでね。いつも気をつけろっていってたのに」

スピードを出し過ぎて凹凸のある橋の前で、コントロールを失い、橋の下に落ちてしまったのだ。

二〇数年という星霜（せいそう）を経て、人の運命は苛酷だった。知り合いで死んだと確認された人間が三人、刑務所入所中一名、行方知らず三人、男に逃げられた女性数知らず。

「プーラは再婚しているんだって？」

「ああ、プエルトスアレスにいるよ。姉のメーチャもあっちに住んでいる。レンの娘は奴と似ていて大柄だよ。よく似ているよ。頭がよくて、サンタクルスで今は大学に行っているよ」

ぼくはレンとプーラの間に子供がいるとはここに来るまで知らなかった。彼はいつも、ここじゃ絶対避妊具を使わなきゃいけないよ、と自らいっていたのに。

「娘はサンタクルスのどこにいる？」

ぼくはかつて愛した女性と友人の間の子供を見てみたかった。あるいはそれが本当なのかも確かめてみたかった。だが、それは無理だった。

「プエルトスアレスから直接行っているから、わからないね」

子供の話が出たので、昨日、聖地であった若い女性のことを聞いてみた。

「それは嘘だよ。彼女が日本人の子供のわけないよ。何でそんな嘘をつくのかな」

ぼくはマルタと話したことを彼らにも話した。

「ケンゴは来ても、高宮は来ないようだね。息子は大学が終わってから、父親に会いたいっていっていっているって。だからまだサンフアンにも行っていないっていってたけど」

レイーナが驚いた顔つきでいった。

「それ、嘘よ。だって、高宮っていつも酔っぱらっている人でしょ。なんであんなにいつも酔っぱらっているか知らないけど、ホテルに泊まることも、うちに泊まることもあるのよ。マルタにも会っているわよ」

クッシーがいった。

「なんでそんな嘘をつくのかな」

何が何だかわからなくなってしまった。マルタは自分を悲劇の主人公にしたいのか、聖地で出会った若い女性は、日本人の娘だということで何か利益があるとでも思ったのか、それとも母親に嘘でそう聞かされてきたのか。願望、嘘、事実、幻想、すべてが混ざり合って境界が消えてしまっている。それが一時世界中で流行した、ガルシア・マルケスを代表とする中南米文学の源泉なのだろう。

「どこかに仕事はないのか？」

クッシーが聞いてきた。

「国境で鉄関係の仕事があるとは聞いたけどね。インドの企業だけど」

プエルトスアレスのほうで鉄鉱石がとれるので、何か大きなプロジェクトがあるとは聞いていた。だが、直接彼に紹介する仕事などないし、さらにしたくはなかった。

「インターネットがあれば、連絡とり合えるのにな」

公衆電話は通じるようになったが、ネットの開設は来年か再来年になるという。

「ここはいろんな人間が土地を買っているよ。ケンジも買ったらどうだ。買った人間は管理人もおかないで、みんなほっときぱなしだけどな」

二二年前にロボレに放置されている家があった。プールとバスケットコートつきの中古の家が日本円で五〇〇万円ほどで売り出されていた。

ぼくは腕時計を見た。列車の時間がせまっていた。すでに夜の帳（とばり）が落ちている。

「まだ、汽車は来ないよ。少し飲まないか」

クッシーがいった。ぼくはここでも彼らに請われて、子供たちと妻とクッシーの家族の写真を写して、子供と妻に別れを告げ、クッシーといっしょにホテルまで行った。

ホテルの冷蔵庫をあけ、ビールの栓をあけ、主人に金を支払った。だがビールは二本しかなかった。すぐになくなったので、荷物の半分をクッシーに持ってもらい、スペイン人の店でビールを何本か買って、駅のそばにできたテーブルとイスのある休憩場で飲んだ。途中、四〇代のクッシーの友人がきて、彼もいっしょに飲んだ。飲む、飲む、飲む、それは二二年前といっしょだった。この夜は心地良い風が吹き、外で飲むのは、いい気持ちだった。

友人がいった。

「今度、線路のレールを全部替えるっていうよ。ブラジルのより質がいいから、日本からレールを入れるって噂だよ。その仕事の人間を探しているよ」

「うん、そうかい、おれのほうは道路で働いているけど。そのレールの仕事もいつになるかな、嘘ばっかかしだから」

友人はまた別の事実らしきことを披露した。

「この鉄道は、今、ベネズエラ、日本、インドとかの企業が出資しているらしいよ」

ぼくはいった。

「ベネズエラって聞いたけどね」

真偽のない噂があちらこちらから聞こえてくる。ただ、鉄道は以前と違い、一九九六年に民営化され、五〇％は年金資金で運営されているらしかった。いずれにしろサンタクルスの大豆を中心とする輸出農産物の運送に役立っていた。日系人の開拓地のサンフアンとオキナワが重要な生産地になっている。

四方山話をしているうちに、今度は三〇代前半ぐらいの女がやってきた。着く前にクッシーがいった。

「彼女はあの当時、いなかったんだ。ここの土地を買って住みついたんだよ」

出て行った人間も多く、逆に流入してくる人間もいるのだ。チョチスは神秘的な自然に囲まれているので、それを気に入る人間もいるのだろう。

彼女はぼくらのところに来るとぼくにいった。

「あなたがケンジね」

「ああ」

「ここは日本人の子供がいるけど、ケンジって名前の子もいるわ」

「えっ」

「ここで働いていた日本人の息子だって」

「母親はどんな風だい」

「青い目をしているわ」

まったく覚えがない女性だ。青い目の女性はこの村では一人しか会ったことがない。それも、着いた当時に一度見かけただけで、名前も知らなかった。

「父親の名前は？」

「たしか苗字は、ながはすとか、ながともとか」

誰の子供だろうか。ながとつく苗字は確か誰もいなかったはずだ。唯一の可能性は橋梁建設のためにきたブラジルの日系人だが、苗字までは覚えていなかった。

「よくわからないな」

ここでは、日本人の子というと何かしら特典でもあるのかもしれない。もともと様々な援助が入っていて、ボリビアにとって日本は身近な存在だった。日系移民もいる。日本が根付いている。ぼくがその後訪れたサンタクルスの小さなホテルでもＮＨＫを見ることができた。そんなことはベネズエラでは考えられない。「チーノ（中国人）」と愛憎のこもった眼で呼び捨てにされるだけだ。

彼女はそのことだけをいって、去っていった。なにかまた釈然としない思いで、ビールを飲んで、クッシーにきいた。

「その息子ってだれの子かな？」

「プーラのだろう」

クッシーはもう酔っているようだった。プーラの目が青いなどということはない。友人は「おれもう行くよ」といって帰ってしまった。ぼくとクッシーだけになった。ゆるやかだった風が急に唸りをあげた。ロバが鳴いた。列車の音が聞こえてきた。

「行くか」

ぼくは腰をあげた。クッシーがいった。

「なあ、ケンジ、ちょっと金をくれよ」

彼は何ら悪びれる様子も見せずに金をせびってきた。普通はせびることに苦痛を感じるはずだが、そのような様子はまったくない。せびられるほうが苦痛なだけだ。ぼくがいたころ、カーニバルのときに流行した陽気な歌にこんなのがあった。

――もう金を貸してくれなんていうなよ。これが最後だから、もう二度と顔を見せないでくれ！

クッシーはまた同じ苦い思いをぼくにさせた。ぼくだとて、今も昔も派遣社員でしかないが、かつては総務部にいて、人事権を少なからず持っていた。そして今は、少なくとも彼よりぼくは金を持っていた。持つ者と、持たざる者、それを彼は意識させる種類の人間だった。

けれども視点を変えるとそれも微妙だった。彼は大きな庭のある家を持って、子供五人も育てることができる。日本で誰がそんなことができるだろうか。結婚さえできない若者が多いのだ。しかもボリビアには「Ｏｋｉｎａｗａ」と「ＳａｎＪｕａｎ」という日本人移住地が二つもある。戦後の貧しい日本から多くの移民を受け入れてくれたのだ。今だって、援助や投資の名目で日本人や日本企業が進出する。裕福ならば国内に留まっているはずだ。

言い古された文明論でしかないかもしれないが、ＥＮＦＥのモーターカーの運転手の言葉を思い出した。彼はバブルに沸く日本についてこういうのだった。

「日本は、工業化をして世界一の金持ち国になったっていうけど、土地も家も持てないそうじゃないか。なかには働き過ぎで死んじまう奴もいるんだって、それにたまの休みには、外国や田舎にいい空気を吸いに行くようだけど。おれはここに庭付きの家も土地も持ってるよ。家族の団欒（だんらん）も、自然も時間の余裕も、日本人が懸命に働いて持とうとしているものの全てをね」

一概に貧富を比べることはできない。金のあるなしだけで貧富を問うのは必ずしも正しくない。しょせん人の手から手へ、国から国へ動いていくお足でしかない。

ぼくは求められるままにクッシーにいくばくかの金をやった。ぼくは歌のように「二度と顔を見せないでくれ」という必要はなかった。ぼくらは多分、生涯二度と会わないだろうから……。

そして、彼に荷物を手伝ってもらい、駅まで行った。わずかな客が待っていた。列車はすぐに到着した。ぼくは乗降口のステップに乗った。クッシーがぼくの荷物を渡してくれた。

「じゃあな、クッシー、プーラにもよろしく」

「ああ、今度、日本に連れていってくれよ」

列車はすぐに熱帯林に囲まれた闇に向かって走り出し、大成日建が建設したびくともしない頑丈な鉄橋を渡っていった。

完

おわりに

かつてはジャングル、今は立派な舗装道がある。

チョチスを再訪してから一二年の歳月が経過した。

この地球の最果てにある小村は、今は聖地かつエコツーリズムの本拠として、休暇時には多くのボリビア人やブラジル人が集まってくる。けれども、自然・社会環境は依然厳しい。時折訪れる豪雨、村を囲む熱帯雨林での火災（滞在中も火の手に村が囲まれたことがある）、銀行のない村での高齢の年金受給者への現金給付の困難、そして稀に起こる列車の脱線……。

しかし同時に強靱さも備え持っている。それは世界の片隅にあるがゆえの強さである。

一九八六年五月三日に私が日本を離れてチョチスに向かった当時、旧ソ連ではチェルノブイリ原発事故が起こっていた。その被害をソ連当局はひた隠しにしていたこともあり、キエフ（現キーウ）では五月一日にメーデーの行進が予定どおり行われた。その後、さすがに五月中には市民一〇〇万人前後が避難した。原発事故の事実は世界中に広がっていく。
けれどもチョチスにいた私に原発事故の記憶は全くない。さらにボリビアの首都ラパスで戒厳令が敷かれても何の影響もなかった。現在のウクライナ戦争もチョチスにはほとんど影響を与えないに違いない。たとえ核戦争があっても生き残る場所である。

それにしても不思議な縁がある。ボリビアのアマゾンに赴任したときの上司の今関氏はたまたま私の北海道旭川の実家から目と鼻の先にある今関医院のご子息だった。今回本作の出版を引き受けてくれた五月書房編集長の杉原修さんは子供のころ旭川で一五年間過ごし、その家系は鉄道員に遡る。また私の曾祖父は旭川の市電（すでに廃止）やバス会社の創設者のひとりである。鉄道と生誕地の旭川が人と人を結び付けてくれ、本書の出版を可能ならしめてくれた。

今回、残念なのは、大成建設の高瀬所長、および日系二世で大成建設に勤務していた野田雄一郎氏がすでに他界し、豊島氏とは連絡がつかなかったことである。それもあって本文でフルネームが不明の場合は、苗字だけとするか、カタカナかひらがな表記としている。

最後に、本書が書店に並ぶころには、ウクライナ戦争が終結し、プーチンが戦争犯罪人として裁判にかけられ、ウクライナに平和がもどることを願わずにはいられない。そしてこんな時代だからこそ、冷戦下のケネディ大統領の言葉を思い出したい。

「わたしたちはみんなこの同じ惑星に住み、同じ空気を吸っています。そして誰もが子供たちの未来をたいせつに考えています。そして誰もがいつか死ぬ運命にあるのです」

大成建設のみなさん、チョチスの村の人々、ボリビアやブラジルの知人に感謝します。

二〇二二年三月二一日

風樹　茂

22年後も鉄橋はびくともせずに残っていた。

付録

山岸氏提供の工事の図面、ボリビアでの使用器具あれこれを「付録１」として、さらに本文で述べたように竣工式での運輸大臣アンドレス・ペトロビッチの言葉を「付録２」として掲載する。また、開発や発展についてのアマゾンの先住民ヤノマミ族の見解を、僭越ながら彼らに成り代わって「付録３」に付け加えた。援助する側の人々はこのような異論があることに注意を向けたほうがよい。さらに長年日本のＯＤＡに係わってきた者として、私論の「ＯＤＡへの提言」を「付録４」に記載した。異論・反論を待ちたい。

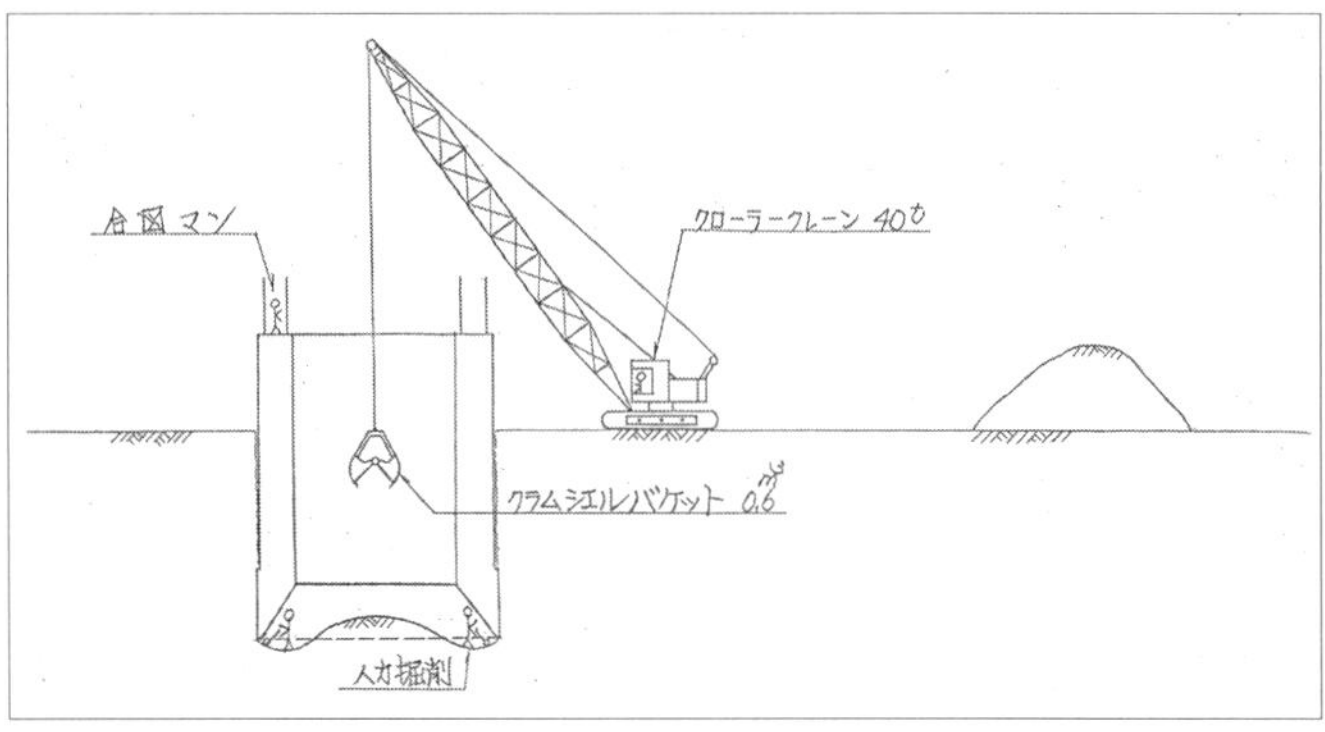

◆図4：ケーソン沈下図

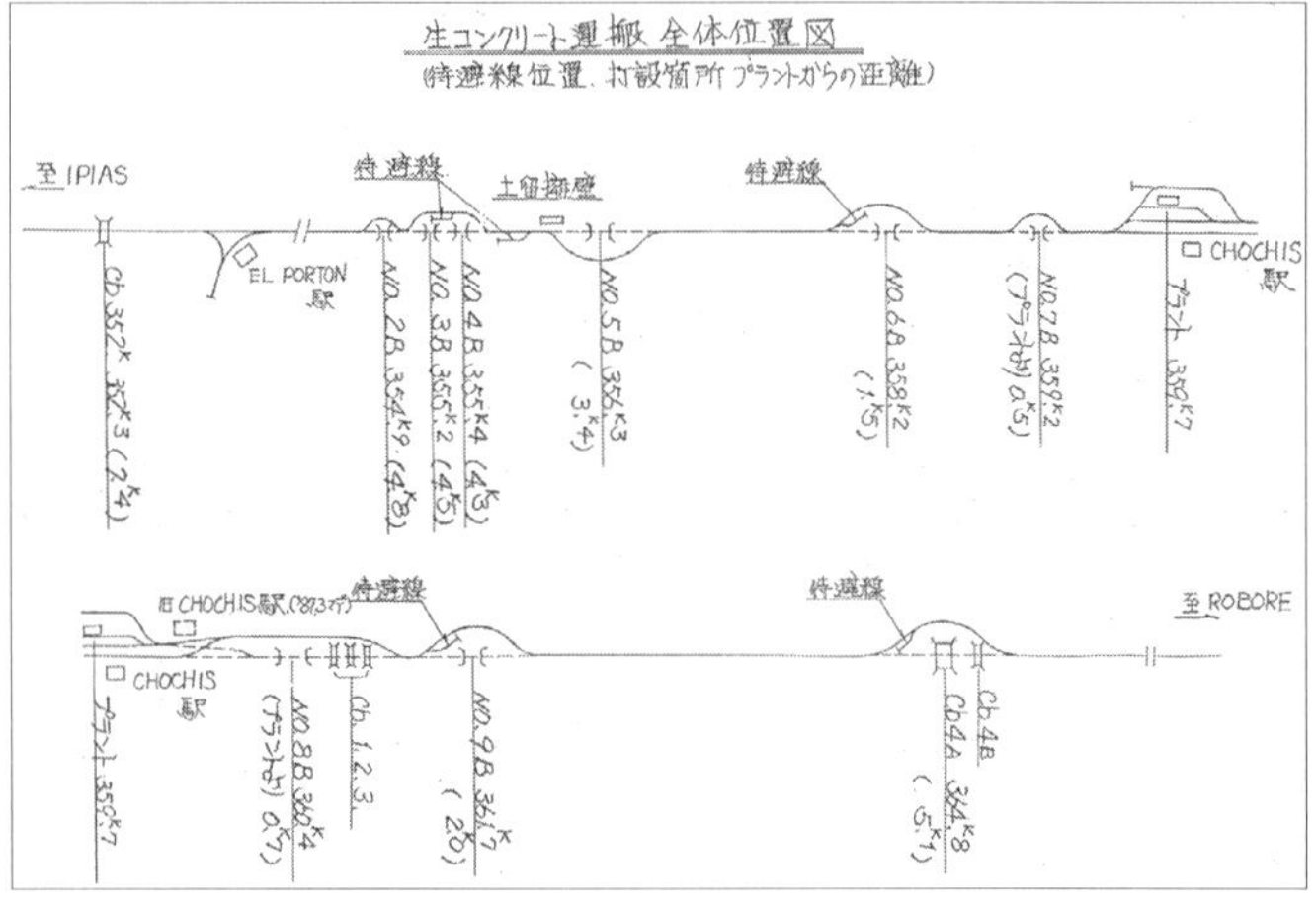

◆図5：生コンクリート運搬全体位置図

図6:コンクリート打設図

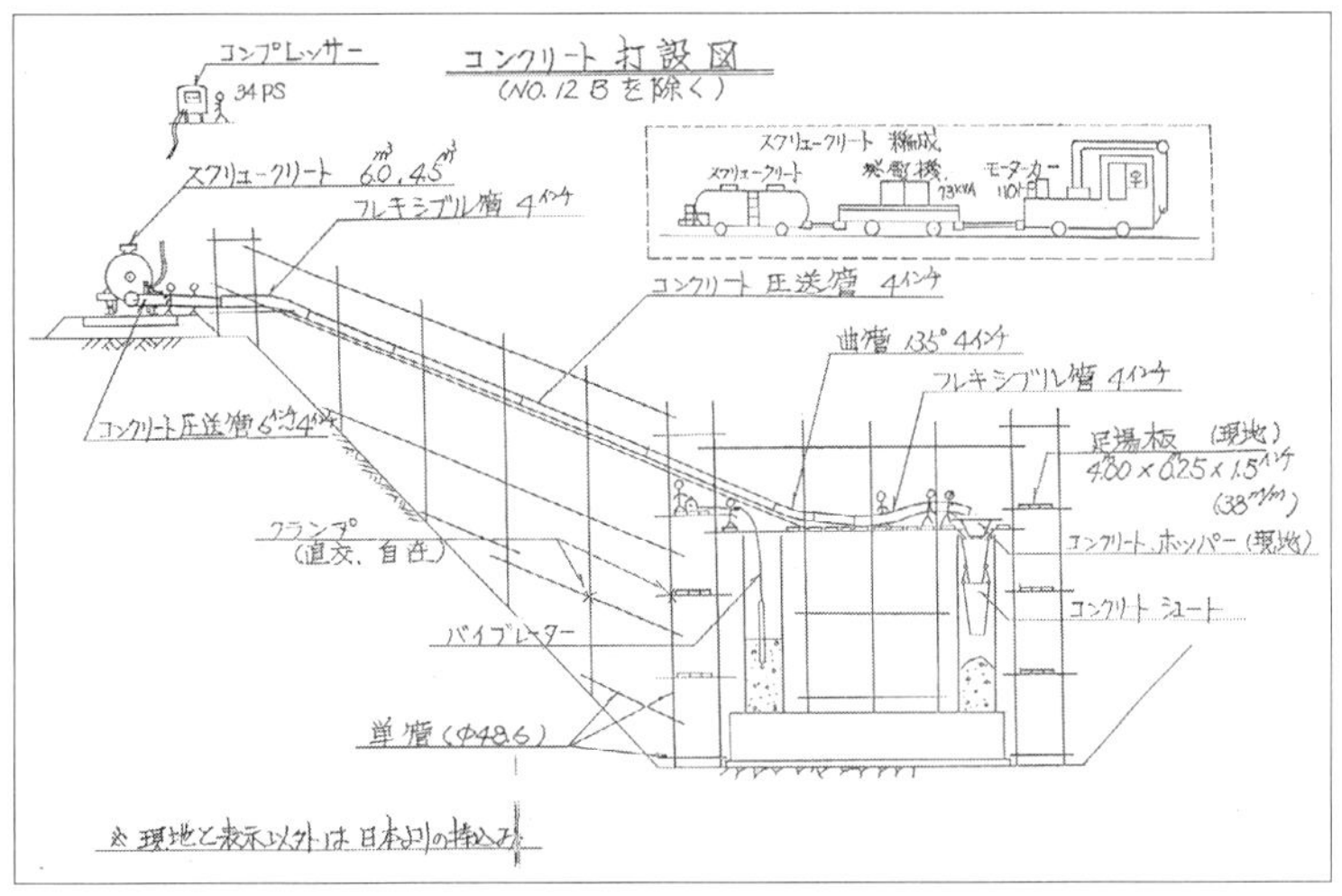

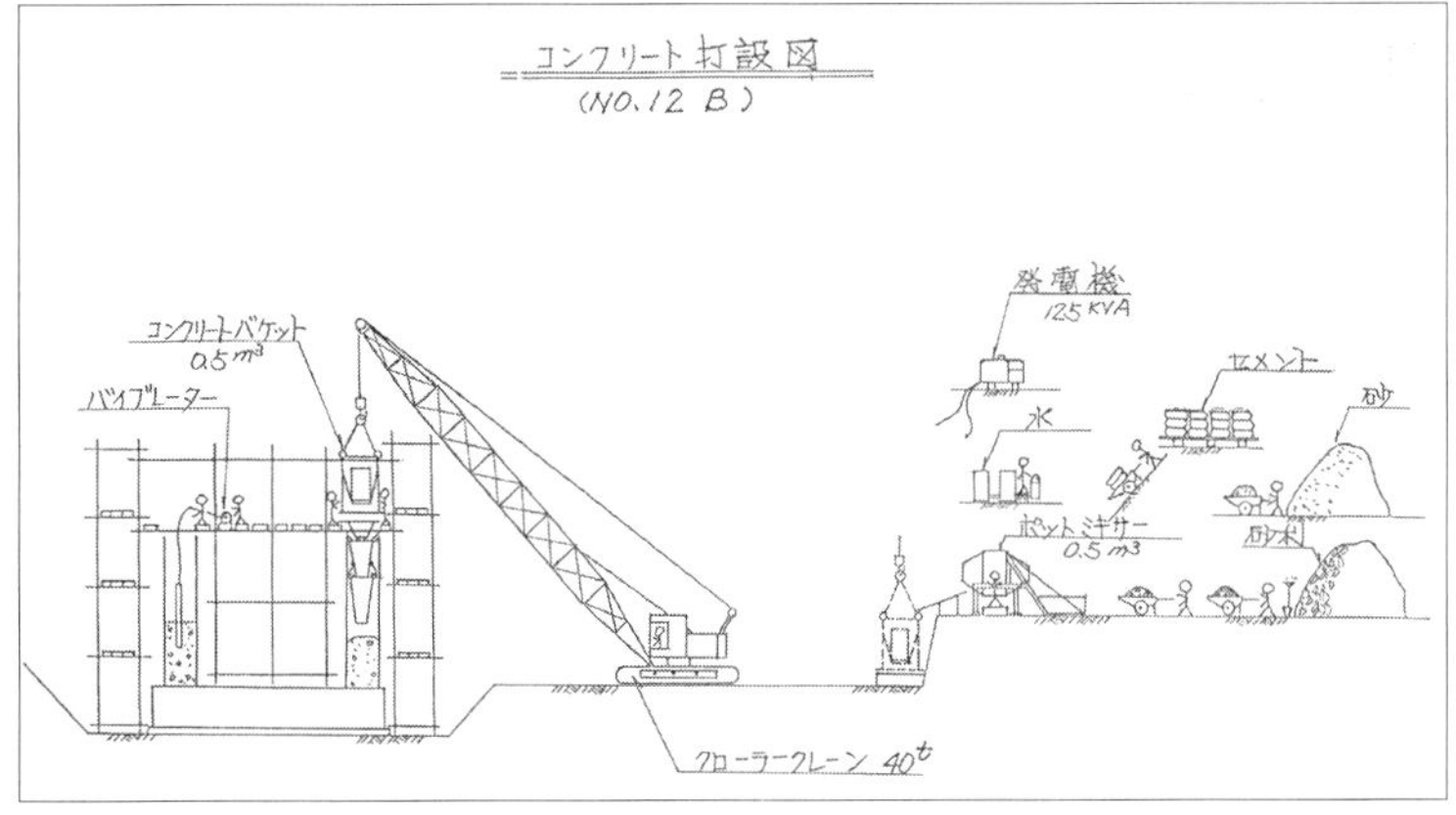

図7：ボリビでの使用器具あれこれ

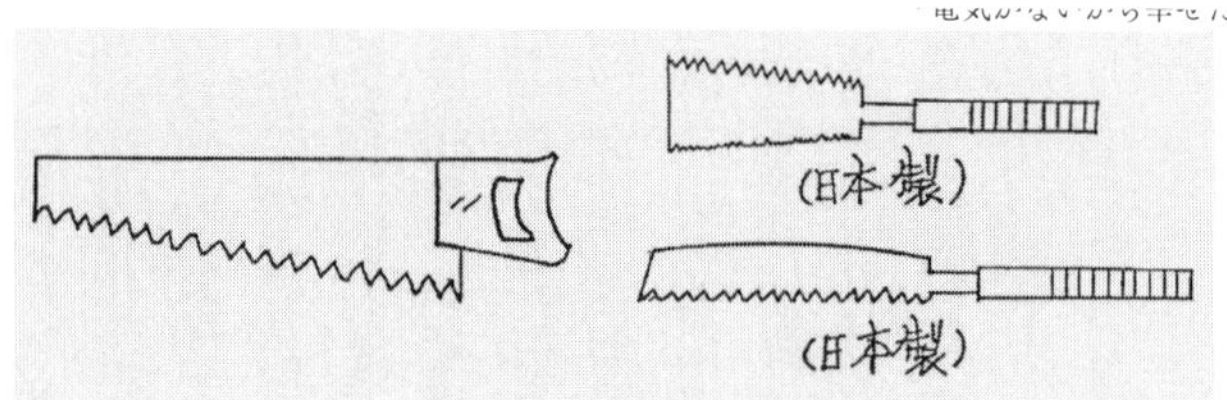

SERRUCHO（ノコ）

日本ではノコを引く時に力を入れて切るが、現地では押す時に力を入れる。日本の両刃ノコも持込んだが押す時に力を入れるのと、作業員の力がありすぎるのですぐ折ってしまった。日本製のほうが切れ味は良い。日本製を使用する場合、カマボコ型の片刃のほうが板厚もあり適当と思う。

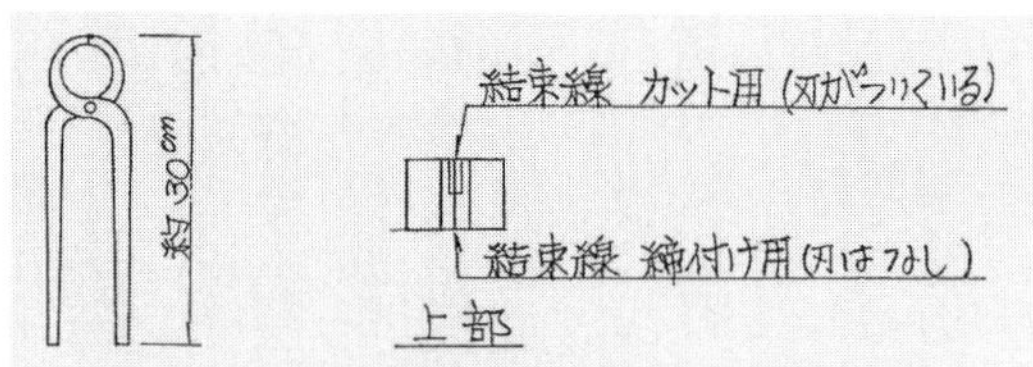

TENASA（ペンチ）
―鉄筋用ハッカとカッター兼用―

結束線は日本製の２～３倍の径があり、ハッカは使ったことがないこともあり、使用できない。TENASA を鉄筋結束用として使用した。結束線は長いまま束ねて使用して１カ所終了毎にカットして使用する。作業能率はハッカに比べてかなり落ちるが、組立て後はがっちりとした仕上がりになる。

LAMPA（スコップ）

日本製と形は同じであるが柄が弱くすぐ折れてしまうので、現地では少し長めの棒だけの柄をつけて使用する場合が多かった。このタイプの方が使い慣れている様である。使い方は足で踏みこむ使い方はほんどせず手先でスコップの先に土をわずかに乗せるだけである。角スコも購入できる。

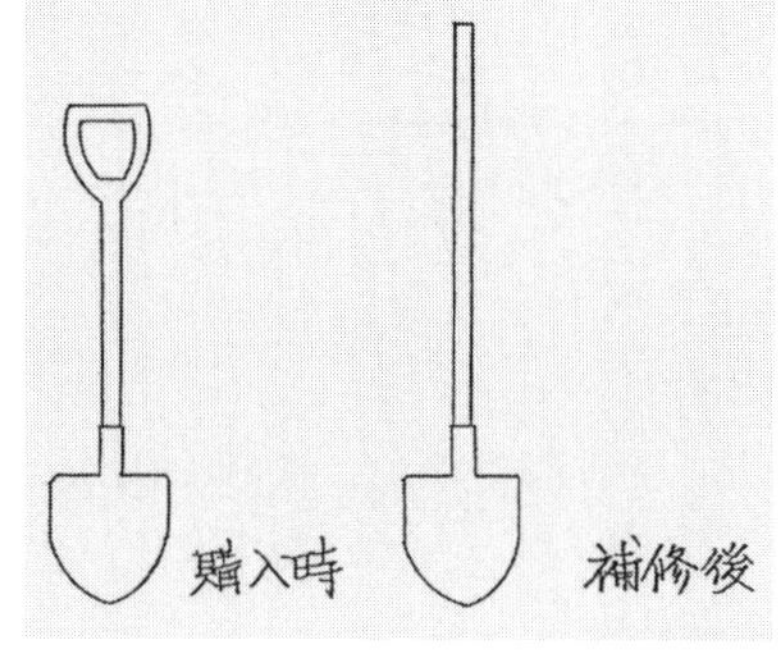

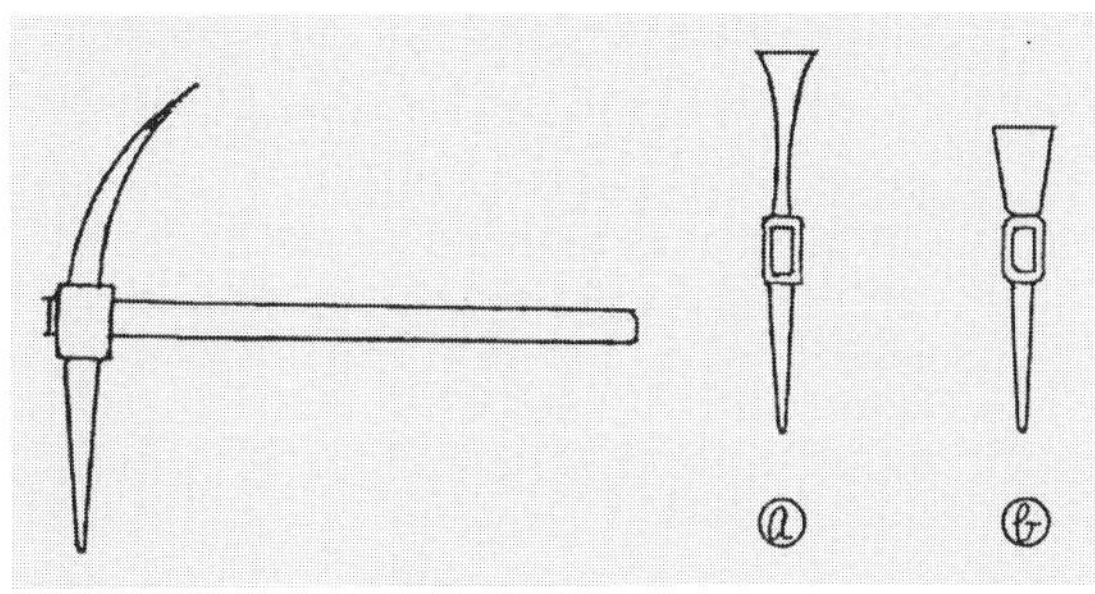

PICOTA（ツルハシ）

PICOTA については刃先の組合せが違う位で日本製とほとんど同じ、使い方も同様である。

MACHETE（蛮刀）

鎌とナタを併用した様な使い方をする。
主に伐採用に使用した。

FOSA（大鎌）

伐採用に使用。

CAVADOR
（穴掘り用）

電柱、境界棚の支柱等の穴掘り用に使用。

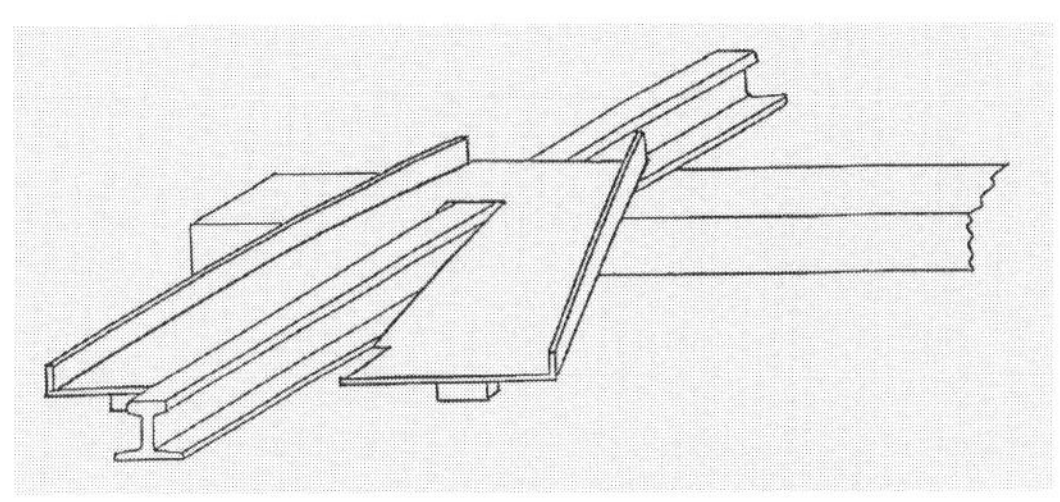

ENCARRILADOR（脱線・復線器）

現地ではレール、保線、車輛の状態があまり良好ではないので、脱線が時々起こる。脱輪の状態がレールから 30 ～ 40cm までであれば上図の復線器を用いて割と簡単に脱線を直すことができる。2 コ 1 組で使用する。脱線しても列車スピードがあまりないので大事故になることは少ない。

付録2　崇高な精神が生む不朽の作品

運輸通信大臣アンドレス・ペトロビッチの竣工式での挨拶

私はボリビア共和国ビクトル・パス大統領、また政府、国民を代表してこの意義あるイピアス—ロボレ間の復旧工事の竣工式に出席する栄誉を担いました。

アメリカ大陸の最も奥まったボリビア、そしてその中心から遠く離れたこの地において、今二つの国民が出会うという喜びを得ました。日本とボリビアを高潔な隣人愛に充ちた精神が結びつけたのです。

日本政府、天皇裕仁、数ある美徳と伝統に富んだ国民の代表の方々、みなさまは自ら進んで私たちを理解し、おしまぬ助力をもたらしてくれました。これこそ二国間の最も親密な真の友愛の発露であります。

この鉄道工事はみなさまの崇高な精神が生み出したものです。援助額は五五億円、ドル換算で四千万ドル、日本国民がその政府とＯＥＣＦを通じてこのプエルトスアレス—サンタクルス鉄道のイピアス—ロボレ間六九キロの復旧工事を実現化してくれたのです。

またこの工事には延べ三二五メートルにおよぶ九つの橋梁建設がありました。この工事は我々がいなくなっても、不朽の作品として残るものです。

これはサンタクルス州で国家が行う偉大な工事のひとつであります。これまでも、この州には国家のかなりの予算と努力がはらわれてきましたが、これからは他の州においても同様の、もしくはそれ以上の投資を投下して重要な工事を施工せねばなりません。

この点で鉄道工事について述べますと、運輸省の工事のうち、ＥＮＦＥに向けられるものは相当な額となります。思えば、何と長い間、ＥＮＦＥの車輛・機関車は旧式のものしかなく、他の設備にしても混乱と崩壊の危機にあったことでしょう。ついには国庫の無駄遣いの暗い代表例となってしまいました。大蔵省の予算はめちゃくちゃに使用され、無駄になったということです。

しかし、この混乱もやっと終わり、ＥＮＦＥは収益を生み出す企業となり始めました。この点では、世界を見渡しても国有鉄道で利益をあげている企業はほとんどありません。そのうちのひとつが私たちの企業です。しかし政府のビジョンはもっと遠大なものです。私たちは車輛を新品に切り替え、機関車を修理し、または借り受け、特に軌道の修繕、レールの交換には力を入れています。

本年八月にはコチャバンバ—サンタクルス間の軌道敷設の最終設計が終了し、五〇年の遅れで高価な夢であったアリカ（チリ）—サントス（ブラジル）間の両大洋連結路線が実現しようとしています。同様にオルーロ—コチャバンバ間の迂回路敷設工事を行っています。

この区間は毎年必ず川の氾濫で破壊され、危険区域に認定されています。他にはサンタクルス—トリニダット間の工事も強力に推し進めています。

政府はENFEの建て直しに積極的に力を注いでいるということです。ここ三〇年のうちに、この運搬手段の運行が信頼のおけるものとなり、収益のあるものとなるでしょう。これこそ、国家への贈り物です。萎れていた企業を開花させ、収益を生み出すものにすること！

多分、偶然でありましょうが、私がこれから述べるのは最も暗示的なことであります。今年はボリビア鉄道一〇〇周年にあたるのです。この黙示のもとで、私たちが集い、私たちが目標とした工事を受け取るというのは、何と雄弁なことでしょうか。たとえ、視覚障害を装って見たくない人がいたとしても、すべては回復の過程にあるのです。神の摂理はわたしたちと共にあります。

この素晴らしいセレモニーは鉄道一〇〇周年を記念する行事であり、かつ今結実した努力の賜物への感謝の印でもあります。

最初に日本の協力について述べましたが、私が思うに、これは日本国民の隣人愛が結実したものです。隣人愛とは人類が連帯するための崇高な精神、協力への本能的行動、善を行う強い欲求であります。

高邁（こうまい）なる精神とは人類愛のことです。高潔な精神と人々への愛に充ちた寛大な行動こそが隣人愛であり、日本国民が私たちに自ら指し示してくれたところのものです。

慈悲と隣人愛の間には、相違があります。慈悲とは神の報酬を求めての行動であり、隣人愛とは人類への愛情から生まれるものをいいます。私たちのために隣人愛から工事を行ってくれたのが日本政府であり、その連帯精神と協力に対して、MNR（国民革命運動）政府の名のもとに、心から感謝いたします。

神の御加護のあらんことを！

一九八八年二月二七日　竣工式にて

運輸通信大臣　アンドレス・ペトロビッチ

付録3　人類の生存可能性を問う
アマゾンからの告発

開発なんてまっぴらだ

貧困は環境を破壊しない。環境を破壊するのは飽くなき富の追求とその結果の環境破壊がもたらす貧困である。この傾向は世界規模で進んでいる。生物の多様性、人間の多様性、経済の多様性、文化の多様性といったものが、市場原理とグローバリズムにより単一化されつつある。マスコミや学者がいう価値の多様化は真っ赤な嘘である。価値は単純化され、その価値を実現するための選択の自由が増えただけなのだ。

「私たちは電気などいらない。開発などまったく興味がない。ただ私たちは生き残りたい」

これは一九八九年、アマゾンの奥地アルタミラに集まった我々ヤノマミ族などの先住民の声である。この声に対して残りの人類、とりわけ開発は善、ＧＮＰの増大は善という価値観のもと、援助や投資を行っている先進国の人間はどう応えればよいのだろうか。彼らが、あなたたちは貧しく、私たちは富んでいる、ゆえに近代化と開発が必要であると諭しても、我らはこう反論することができるだろう。

ヤノマミ族の反論

近代文明と開発のお陰で、約十億人が絶対的貧困下にあり、約三億人が飢餓状態にある。一九世紀、南の国に慢性的な飢餓はなかった。かたや、一九八七年末アフリカの飢餓が進行中にもかかわらず、世界では穀物は四億四千万トンもだぶついていた。そのうえ穀物消費の五割前後は家畜の飼料となっている。一カロリー分の牛肉を作るのに八カロリーの穀物が必要だというじゃないか。その肉だって残飯になる量も多いらしい。

途上国の農業は崩壊した。ソルガム（モロコシ。途上国では肥料用の輸出品となることが多い）、コーヒー、綿花、小麦等の輸出は途上国で増大し、国際収支の赤字の埋め合わせに貢献した。だがそれは政府の補助金や有利な融資を得た大土地所有者が灌漑、化学肥料、大型機械の投入により達成したものであり、資本集約型の農業であった。

穀物生産当たりのエネルギー消費は三倍近くなり、収穫量は約二倍となった。しかしこうした近代農法により土地は疲弊し、塩害の危機が迫り、新たな病害虫が発生し、なおかつ、生存維持のための伝統的農業は捨て去られ、農民は季節農業労働者となるか、都市のインフォーマルセクターに吸収され、都市問題を作り出した。

先進国からの援助や投資が小農民のためになされることもあった。高価な近代技術が導入された。外国の専門家が政府の役人とともに来た。役人に刃向かうこともできないし、外国の専門家を邪険に扱うのは失礼である。彼らがいるときだけは、彼らの流儀に従った。いなくなれば耕運機は野晒しにされた。

一部の部品は土をすいたり、子供のおもちゃには役立った。燃料の調達は小農民には無理だし、しかも耕運機は熱帯の薄い土壌を痛めつけ、農地を傷つけた。無償ならまだしも、有償の場合は農民の借金となるか、国の債務となって残り、一層輸出のための農業が振興された。彼らは土地を捨てた。

生態系が破壊され、砂漠化が進んでいる。キリスト教文明が森を破壊し、化石燃料を利用し、気候を変えてきた。そして近代化が与えてくれる心地良い生活を享受したのは、先進国の人間と開発途上国の一部の人間に限られている。このままゆくと森林破壊、生物多様性の喪失、塩害、流域の汚染、農業の崩壊、感染症の蔓延が連鎖的に起こるかもしれない。それは、メソポタミアやギリシアの文明の崩壊と似ている。

近代技術による環境浄化には限度がある

現在の自由主義市場経済は、欲望に最も忠実な主義であり、富める者はますます富み、一部の才能と運のある人間が豊かになるシステムである。それは米国における貧富の差が拡大していることを見ればわかる。とりわけ、機会均等、法の下の平等が確保されていない途上国では一層貧富の差が拡大し、社会不安が増大する可能性がある。

我々ヤノマミは、一九八六年頃までは外部との接触のないまま数千年も伝統的な生活を営んできた。我々は大型獣や魚、鳥などをタンパク源とし、野生の植物を小さな菜園地で栽培している森の民であり、年間を通して二〇〇〇種もの熱帯雨林の植物を利用してきた。ここの熱帯林については先進国の科学者以上の膨大な知識を持っている。

我々は茅葺きの小屋で一〇〜二〇家族が共同生活をおくり、土壌の地力が消耗すると、五〜一〇年で移動してきた。また生存のための人口抑制を行ってきた（乳児の間引き、性行為の制限、隣村との戦いなど）。人口は約九〇〇〇人程であった。

ところが一九八八年になると、農業や教師の職を捨てた気のいい貧乏人たち数万人が金やダイヤを求めて我々の土地に流入してきた。もともと熱帯雨林の人口維持能力は低い。食料の奪い合いが始まった。森林も伐採された。金選鉱のため水銀が使われ水が汚染された。病気も持ち込まれた。こうして三年程で我々の人口は七五〇〇人程に減少した。これは中南米で富の収奪のために行われてきた先住民の殲滅の繰り返しである。

これと同じ事例が世界中にある。たとえばインドネシアのイリアンジャヤ。

森に住むコンバイン族は林冠部にサゴヤシで家を作る。戦いや洪水から身を守ためである。家の中では犬とブタがいっしょに暮らし、そこでの性的関係は禁止されている。サゴヤシは幹の内部に水分を加え、ろ過してデンプンを作る。そしてサゴヤシを縦に割り森の中で腐らせ、サゴゾウムシがそこに卵を産み付ける。この幼虫は祭りにときに炙って食べる。うまい。いいタンパク源である。そして祭りの終わりにサゴヤシの成長と恵みを祈る儀礼を行う。

彼らも森について膨大な知識を持つ先住民である。しかしイリアンジャヤには他のインドネシアから多くの土地無し農民が移住し、かつ先進国は金鉱を探し、天然ガスや石油を探索し、マングローブを伐採している。彼ら先住民はこうして開発の波に晒される。

近代技術による環境浄化には限度があることを知るべきである。工業活動や近代化された家庭生活や車によるSO_x、CO、CO_2等の排出、砒素やカドミウム、リンなど水質への排出への対応は、集塵機や脱硫装置や水の浄化装置などの科学技術によりある程度可能であろう。

しかし近代文明により近代文明を制する場合は、新たな環境負荷の問題を生み出すものである。電気自動車は電池の、原子力発電は放射性廃棄物の処理問題がある。また原子力発電所の建設や代替エネルギー施設の建設のために大量のエネルギーが投入されるという矛盾がある。たとえばパソコンの普及は予想外に紙の使用を増大させ、かつ製品サイクルが短いため新たなゴミ問題を生んだ。

自身の命の終わりさえわからない人間に、科学が何を生み出すか予測することはしょせん無理なのである。

貧困は環境を破壊しない

人類の英知ともいえるホーキングはこういっている。

「地球ほどの文明が存在する惑星は、視認し得るこの宇宙の内に二〇〇万もあろうが、そうした惑星同士の交流が実際にあり得ないのは、そうした星は文明の過剰な発展によって極めて不安定になり、宇宙全体から眺めればほとんど瞬間的に崩壊消滅してしまうものだからだ」

これは科学技術が発展すればするほど制御が難しくなり、最後には破局に至るということである。

これから先は、人間のクローン化が大きな災厄をもたらす可能性がある。ヨーロッパでの牛の大量虐殺が将来を暗示している。狂牛病は、単に草食の牛に動物の肉に由来した飼料を食べさせることで起こった。人間の大量廃棄が必要になる時代が来るのかもしれない。

たとえばブータンという国がある。一人当たりGNPは二〇〇ドル前後でLLDC（後開発途上国）の範疇にある。だが飢餓もなく森林も伐採されていない。鬱蒼たる照葉樹の密林が国土を覆い、生物多様性の密度は世界でも有数である。

貧困は環境を破壊しない。環境を破壊するのは飽くなき富の追求とその結果の環境破壊がもたらす貧困である。彼らはGNPではなく国民総幸福指数なる概念を作り出し、西洋化を拒み衣服や宗教などの面で伝統的生活を営む。このような道ならば私たちは認める。

しかし実際には世界は単純化しつつある。生物多様性、人間の多様性、経済の多様性、文化の多様性、それらが市場原理とグローバリズムにより単一化されつつある。マスコミや学者がいう価値の多様化は真っ赤な嘘である。価値は単純化され、その価値を実現するための選択の自由が増えただけである。

だからこそ同じ価値の土壌内の競争から脱落したもの、競争に参加したくないものは、排除され一カ所に押しこまれる。あるいは自ら閉じこもる。これは前々世紀末哲学者ニーチェが「異なった感じかたをするものは、すすんで精神病院に入る」と予言した通りである。

中南米の森の先住民も白人、メスティーソ、先進国の人間との接触の中で自分の文化的伝統、薬用植物の知識、狩りの技術、循環型農耕の方法を忘れ始め、自己の文化を卑下し、生存の希望を失っている。

「人間中心の開発」とは一体何を指しているのか

一九九二年にリオデジャネイロにて地球環境に関する地球サミットが初めて開催された。これには世界の多くの国の代表が参加するとともに、並行して各国NGOによる「九二グローバル・フォーラム」が開催され、二〇万人のブラジル一般市民が集まったといわれている。

しかしながらリオセントロの地球サミットには国の代表ではないという理由で、またフラメンゴ公園でのグローバル・フォーラムには入場券を購入する金がないという理由で、我々先住民は参加できなかった。地球サミットでは、森林宣言が採択され、グローバル・フォーラムでも森林と人間の関係が話し合われたはずである。だが我々は全くの部外者であった。

リオのカーニバルで、貧者が会場のサンボードロモの壁に耳をつけてその熱気をおすそわけしてもらうのと、全く同様に、遠くからそれらのざわめきを聞いていただけである。あなたたち先進国の人間と途上国の支配者がよくいう、「人間中心の開発」とは一体何を指しているのか。我々にいわせれば、それは多様性を認めることであり、開発しない自由を認めることである。

最後にいう、飽くなき富の追求が貧富の差を生み、環境を破壊するのである。我々が滅びるなら人類も程なくして滅びることになろう。

（初出「ｍｓｎジャーナル」二〇〇一年）

付録4　ODAへの提言

バブル華々しき頃、ODAが一兆円を超える予算があったときは、海外援助やODAは花形の職業だったし、国民もマスコミも注目していた。外務省でも経済協力局に所属しなければ出世できないなどといわれていた。ところがバブル崩壊後もその予算が続いていたので、私は「ホームレスが激発する状況でこの予算はバカげている」という趣旨で最初の書籍を発刊する機会を得た。

今、真逆の事態が到来した。外務省やJICAや青年海外協力隊はODA事業の広報に余念がないのに、国民もマスコミも関心がない。ともすれば中進国にも給与水準が劣り、相対的貧困率が一五％を超えメキシコと同等の格差なのだから、他国の支援などにかかわる余裕がないというわけだ。

けれども私自身は以前と違い、少なくとも五千億円の予算を維持したほうがよいと考える。また税金が使われているのだから、国民もマスコミも政治家ももっと関心を持ってもらいたい。さもなければ、ますます国民とODAの間の距離が広がる。援助業界だけの狭いものになってしまう。監視の目が行き届かない。良いことも悪いことも注目されない。本書を出版できる機会を無駄にしないためにも、援助の最近の動向とそれを踏まえた提言をしてみたい。

国民・政治家・官邸・外務省・JICAへ

我々の国是は何なのか、これから何を選ぶのか

我々日本人の戦後の国是は何だったのか？　理想は何だったのか？　今一度振り返り、将来を見通したほうがよい。我々は破壊ではなく建設を、争いではなく友和を選んだはずである。今日本のパスポートは世界一価値がある。戦後の日本の歩みが世界に認められていると考えてよい。それにはこれまでのODAの事業や青年海外協力隊の活動が大きく貢献している。

このまま衰退の道を選ぶか、それとも開国するのか

かつてシンクタンクで首相向け外交政策の提言にかかわっていた一九九二年、「新段階を迎える市場開放」を日本を代表する経済学者たちに作成してもらったが、それは提言として採択されなかった。外国人労働者の受け入れに財界、マスコミ、政治家がこぞって反対したからである。あれから三〇年たち、今はどうなっているのか？　かつては一〇万人

前後だった外国人労働者は現在一七〇万人を超えている。コロナ禍が過ぎたあとは、一層増加するだろう。

もしも彼ら定住労働者（移民に値する）がいなくなったならば、この国はどうなってしまうのだろうか？　コンビニや居酒屋やマクドナルドや、建設現場や農業やＩＴ関連企業は？　移民の受け入れはドイツ、フランス、他の国での一部失敗の事例から否定する向きもあるが、原因を追究しその失敗を繰り返さなければいいだけである。日本語教育、子女教育、生活・労働・就職の支援、技術支援などできることは多い。それにはＯＤＡが役に立つ。

政府は国益を損ねる法務省や企業にメスを入れよ

外国人は犯罪者である、よって拷問を行ってもいいとする法務省傘下の機関がある。特定技能実習生に対する扱いも目を覆うようなものもある。せっかく海外でいいイメージを醸成してきたのに、日本ってひどい国だと考える人々が増加し、それは国益を大きく損ねている。へたをすると日本人に対するテロさえ誘発する。

我々の過去を振り返り、外人労働者、亡命希望者に寛大になろう

日本は戦前も戦後も貧しかった。戦前は農地解放ができず、次男、三男の一部は移民した。戦後は土地を米軍に基地として接収された沖縄、また炭鉱不況の九州、北海道などか

ら海外へと移民した。国をあげて過剰人口を移民させたのである。それが可能だったのはフィリピン、米国、ブラジル、ボリビア、パラグアイ、ペルー、アルゼンチンなど受け入れてくれる国々があったからこそである。

戦後になって日本国民に出国を促したのがＪＩＣＡの前身である海外移住事業団である。無論、移住先でひどい目に遭ったり、差別されたりしたこともあろう。だからといって今、外国人労働者、亡命希望者を奴隷扱いするような行為は恥ずべきものである。おもてなしに値するのは金を落としてくれる旅行者だけなのか？

青年海外協力隊はもともと若者の育成が真の目的である

ホンジュラスのトルヒージョで現地調査に従事しているときだった。途方に暮れた顔の日本人の若者に話しかけられた。「下宿を追い出された」という。青年海外協力隊の隊員だった。品行の悪さが大家の逆鱗（げきりん）に触れたようだった。時間がなく相談には乗れなかった。なぜ酒浸りになったのか？　なぜ日本人のぼくに救いを求めたのか？　疑問が残った。だから青年海外協力隊はダメだというのは簡単だ。若いときなら自身だって酒で失敗したことは何度もある。

もともと協力隊の創設には中根千枝教授ら人類学のグループがかかわっていた。「二〇代の若者が直接途上国で役立つわけではない。むしろ途上国の人間に教えられ、協力してもらう」。それが目的だった。グローバルに活躍できる人材の育成という面が主だった。

無論、シニア協力隊や青年海外協力隊のなかでも年長の者、社会でもまれてきた者は、なにがしか役立ってしかるべきだ。けれども、混乱する途上国で生き抜き、働く——そんな経験を将来に生かしてもらうのが第一の目的である。現在役立つ、役立たないだけの視点はあまり意味がない。

援助事業にはもっと寛大になってみよう

黒か白か、敵か味方か、成功か失敗かの二者択一のデジタル思考はお子さんの思考、アメリカのハリウッド型思考である。大多数の物事は解決しないし、灰色だ。本文で書いたように、すべてうまくいく援助も、すべだめだという援助もめったにない。

政府は、移民局を創設し、JICAと青年海外協力隊の一部を移行させよう

人口が減り、経済的に衰退していくのだから、ODAへの風当たりはますます強まることだろう。

外務省もJICAも今のままのではやっていけないのをよく知っている。だからこそ、JICAは今後の必要外国人労働者数の試算などを行っている。外国人人材・共生にかかわる事業も始めている。青年海外協力隊経験者が、青年国内協力隊となって、定住外国人に生活、労働、教育などの面で協力できることは多い。とりわけ東海圏、関東圏などは日系人が多く、八〇年代、九〇年代に出稼ぎにきた方々の高齢化も進んでいる。これまで海外の移住地には多くの青年海外協力隊が派遣されている。

さらに外国人労働者とともにＪＩＣＡ専門家も地方の活性化の事業を実施することもできる（日の目を見なかったが、筆者もほかの専門家とともに赤城村の活性化事業に携わったことがある）。途上国化する地域の活性化にはうってつけである。

亡命者の受け入れにも尽力すべきである。むしろ彼らは高度人材であることが多い。すでに高度人材は勤務先として魅力のない日本にはなかなか来ない。他の外国人にとっても、ますます日本は魅力がなくなる。だからこそ、早急に移民局を創設し、ＪＩＣＡと青年海外協力隊の一部は、移民局に移行したほうがよい。スポーツばかりではなく、様々な分野でミャンマー系日本人、アフガニスタン系日本人、ベネズエラ系日本人、ナイジェリア系日本人などが活躍すれば、日本はもっと元気になる。

ミャンマー援助はどうすればいいのか

国民から遊離し、国民を弾圧する政府であるミャンマー他の国々にはどう向き合えばよいのだろうか？　以前の軍事政権のときに、四回ほどミャンマーに援助関係の調査で訪れている。そのときもアメリカは制裁中であったが、ヤンゴン大学にはアメリカ政府からの交流促進を依頼するレターが送付されていた。こぶしを振り上げる一方で、実際の交流は続けるのが外交である（参考：「なぜ最後の帝国軍人はビルマ軍事政権を好んだのか」風樹茂 https://wedge.ismedia.jp/articles/-/10263）。

日本の企業・コンサルタントのなかには、利益の視点からＯＤＡの再会を期待しているところもあるだろうが、国民を殺害するテロ集団が政府なのだから、今回はまったく無理である。ただし、細々とテロ集団となった政府と、反政府側との接触は続けるべきだろう。今回、在ミャンマー大使館の丸山市郎大使は、収監された日本人ジャーナリストの解放に積極的に動くなど、素晴らしい外交官である。外務省は余人に代えがたしとして定年延長を経てミャンマーの専門家である丸山氏を大使としている。重箱の隅をつつくような批判もあるが、日本人は丸山大使を持ったことを誇りにしていい。是非、アウンサンスーチー氏の解放と民政への復帰に尽力してほしい。

テロの犠牲になっているのは誰か

テロの犠牲になってきたうちで最も数が多いのは、ジャーナリストでも自衛隊員でも外務省職員でもＪＩＣＡのプロパーの職員でもない。援助関係者である。ペルーでＪＩＣＡ派遣の農業専門家三人（一九九一年）、バングラデシュでＪＩＣＡ派遣のコンサルタント七名（二〇一六年）、アフガニスタンでＮＧＯの中村哲氏（二〇一九年）、旧ソ連への政策提言でごいっしょいただいた秋野豊先生（タジキスタンへ外務省から選挙監視のための派遣、一九九八年）をカウントすると一二名にのぼる。とりわけ、バングラデュでは高齢のコンサルタントの方が「I am a Japanese」とテロリストに名乗ったといわれている。悲惨だ。残念ながら、ひと昔前ならば、救われるということがあったかもしれない。今は日本人だからこそ殺されるのである。イスラム教徒のテロリストには、完全にアメリカと同一あるいはイスラエルと同一と見られる可能性がある。

またペルーの在外公館で起こったような人質事件に対しては、自衛隊を送るという選択肢を掲げる勇ましい人がいるが、それは無理であろう。現地事情によほど通じていなくてはならないのだが、現状の日本のインテリジェンスではむしろ混乱を深めるだけである。むしろお願いしたいのは、日本国民を平等に見てもらいたい。以前の安倍政権では、自身に反対する人や票を入れない人物はただの敵だった。そのような度量のない官邸を持つと悲劇である。レバノンの日本大使館でシリア班の方に会う機会を得たが、当時人質化されていたジャーナリストを救うような活動がなされている印象は全く持てなかった。

援助は誰のものか、主役は誰なのか

援助は援助する国とされる国の国民のためのものである。

援助なれした途上国政府・機関には厳しい姿勢で

無償援助などで、援助される側は、当然、機材をもらえるとして日本側におまかせでろくに活動しない受け入れ組織がある。援助は「あなたが主役なのだ」と口をすっぱくしていう必要があるし、あまりにやる気が見られないときには、援助の中断、中止も考慮したほうがよい。日本国民の税金により運営されているのだから当然である、

官邸はいたずらな省庁・外郭団体の統廃合はやめよ

二〇〇八年に国際協力銀行（ＪＢＩＣ）の海外経済協力部門とＪＩＣＡは統合した。驚いた。一方は財務省傘下の金融法人であり、一方は外務省傘下の国際協力、とくに技術移転を得意とする組織である。別々のものである。ＪＩＣＡ職員はうまく業務をこなしていると専門誌に語っているが、そういわされているのではなかろうか。労働省と厚生省が統合したのもなにか解せないが、為政者は組織をいじりたがる。それがよりよく機能しているのかの評価が必要だ。

ＪＩＣＡを評価せよ

ＪＩＣＡは年間一〇〇件を超える評価業務を行っている。しかし真に必要なのはＪＩＣＡに対する評価調査である。これは援助業界以外、外務省以外の組織が実行する必要がある。

ＪＩＣＡの組織運営は厳しく見直したほうがよい

二〇一七年、援助業界に激震が走った。支払いの繰り延べ、調査の延期あるいは中止。ＪＩＣＡが予算不足に陥ったのである。零細企業が多いコンサルタント会社はとたんに存続の岐路に立った。政治・官邸に翻弄されるＪＩＣＡに言い分があるかもしれないが、予算管理さえできない組織運営はあまりに稚拙である。この件で上層部の誰かが何らかの責任をとったとは寡聞にして知らない。無責任体質である。この件を報道したのは、わずかに『サンデー毎日』、毎日系の『週刊エコノミスト』と業界紙『国際開発ジャーナル』のみだったのではないか。

JICAは良貨を排除することはやめよう

この事件は私の身の周りで起きた。報道もされないし、知る人も少ない。

予算不足に陥ったときにJICAが行ったのは、自己批判よりもスケープゴートを探すことだった。二五年の歴史を持ち、一〇〇人を超える専門家を要する国際開発アソシエイツ（IDeA）から過去一〇年に遡及して二億六千万円相当（遡及五年の単独コンサルタント案件四〇五五万円、遡及一〇年の長期派遣専門家案件の一般管理費二億二一〇七万円）を早期に返却せよと法的に求めたのである。JICAのコンサルタントフィーは、技術料と一般管理費から成る。IDeAはオフィスに通う必要がなく毎月の給与の支払いはないが、個々人が案件を受注すれば、八八％が個人に残り一二％が会社に分配されるものだった。オーバーヘッドの肥大を極力抑えるかわりに、案件への応募書類作成、成果物の作成は全面的にコンサルタントが負う。つまり、コンサルタント個人の技量に負う本来の厳しい姿である。だが単なる個人コンサルではない。コンサルタントは案件に他の会社から応募することはできず、各コンサルタントを通じて会社は情報・知の共有、毎月「IDeAニュースレター」の発刊、会計処理・事務処理を行っていた。IDeAは利潤の追求や拡大化ではなく、専門家にプラットホームを提供するのが主な目的であった。ＪＩＣＡはそのような先端的企業は会社として認めないというわけだ。一〇年もたって、これまで認められていたことが、会社の要件に合わないから急に違反だとされたのもまことに不思議だった。このとき、ＩＤｅＡにあったのは、内部留保金は六一一〇万円、株券一二〇〇万円。内部的にはあれこれあったようだが、なぜか反訴することなくＩＤｅＡは破産に追い込まれた。故大来佐武郎氏が音頭をとった国際協力研究者協会（ＳＲＩＤ）を基に、大学教授や援助専門家が一九九三年に設立したＩＤｅＡは、その知の集積とともに雲散霧消した。その煽りで、四〇〇〇万円以上の支払いが反故にされた専門家さえいる。

この事件ではコンサルタント業界にとってＩＤｅＡの先端的なビジネスモデルが脅威になっていた、優秀な人材がＩＤｅＡにとられてしまう、返金により不足予算を充当したい、予算不足を他者のせいにしたいなど様々な原因があったと思われる。ＪＩＣＡのなかには、理想を持つ心ある職員もたくさんいる。予算不足にしろこの事件にしろ、忸怩(じくじ)たる思いだろう。

現在、コロナ禍により、医療系ではないコンサルタント企業の多くが存続を問われている。今こそ、ＩＤｅＡの本来持続可能な会社形態は見直されてしかるべきである。たとえば他のコンサルタント企業から苦情が来るならば、むしろ別の支払い方法をＪＩＣＡは探るべきだ。この事件はどこにも報道されていない。

JICAが剰余予算二〇〇〇億円の内容に明らかにするのは国民への義務である

外務省のホームページの「NGO支援無償資金協力について」（実施要領）の供与資金の清算の欄には「最終的に余剰金が生じた場合は、在外公館または外務省の指示に従い、返納手続きを行う」とある。

さてJICA自らはどうであろうか？　昨年珍しくODA関連の記事が毎日新聞、産経新聞などに掲載された。そのうち最も詳細な記事を掲載した日本経済新聞の見出しにはこうある。

「ODA予算、一九六〇億円滞留　計画遅延でも国庫返納なく」

本文で描いたように、ODAは実施までに長い時間がかかる。政変、政府崩壊、今回のコロナ禍などで実施がままならないものもある。毎年かなりの額が滞留する。滞留している資金はすでに受注企業が決まっているものも多い。ある程度は容認すべきだ。けれども同記事にあるイエメンの二〇一〇年度地方給水整備（拠出上限一五・九四億円）、二〇一三年度アフガニスタン国際空港の保安機能強化（四四・二七億円）など将来が見通せるとは思えない。さらに今後はミャンマー案件が積み上がってこよう。実際の滞留金額の内容は非公表だというのだから、これも理解しがたい。今回はマスコミが騒いだので、一部国庫に返納する予定らしい。けれども、滞留資金は簡単に返還するのではなく、一定の評価の下、災害などの緊急援助費用に積み上げる、あるいは前述した国内外国人労働者・亡命者への支援、移民局創設の資金に使うなど、弾力的な運用が望まれる。そのための法改正が必要ならば、心ある政治家の議員立法を望みたい。

ＪＩＣＡはお手盛りの評価は厳に慎め

事前評価はプロジェクト推進部門が発注するものとしても、年間一〇〇件を超える事後評価や終了時評価はできるだけ、ＪＩＣＡ評価部門の発注を増やすべきである。自分が所掌したプロジェクトの負の側面を書かれるのは誰でもいやだ。コンサルタントはＪＩＣＡから報酬をもらい、評価するのだから、ややもするとお手盛り評価となる。個人的経験では、「ここを書かないで」などとプロジェクト推進本体の人間に依頼されたことがある。無論私は忖度ゼロだった。評価部門による評価だったので、のちに再び評価を依頼された。評価部門はより公正な評価ができる。

プロジェクトニンジャへの疑問
なぜ国内の先端的企業を倒産させ、海外では起業支援するのか？

ＪＩＣＡは、途上国起業家支援として、二〇二〇年より Project NINJA（Next Innovation with Japan）を開始している。これは起業への支援、すなわちインキュベーター事業である。アフリカやアジアに新たな企業を作り、雇用を促進し、その企業と接点を持つ日本企業の進出を促すのが目的だろう。私の考えが古いのかもしれないが、あまりにビジネス寄りでむしろジェトロの分野のように思える。また国内でＩＤｅＡを倒産に追い込み、海外では企業を支援するというのでは、整合性がとれない。日本の民間企業を圧迫し、海外企業は支援するのか？　それでは、ＪＩＣＡの存在理由さえ問われる。

ＪＩＣＡが生き残りをかけて領域を広げているのだろうとも推測される。直接資金を投資するとまではなっていないが、ＪＢＩＣの一部を統合したのだから、今後日本アジア投資やジャフコのような金融事業まで将来を見据えているのかもしれない。納税者の立場からいえば、むしろ国内外国人労働者との共生や外国人労働者との地域活性化事業にお金を使ってもらいたい。あるいはプロジェクトニンジャ部隊こそＪＩＣＡから離れて起業化し、民間企業となってはどうか。そのほうがはっきりする。現在途上国へ流れる開発資金の九割前後が民間資金だともいわれている。また、ＮＩＮＪＡは、いい意味ばかりではない。フィリピンではNINJA POLICEは押収した覚せい剤・麻薬をリサイクルする警官を意味する。

マスコミへ

成功した援助も報道してもらいたい

マスコミは援助業界と同様に不況業種の最たるものである。海外特派員も少ないし、海外支局もさほどない。さすれば援助事業の報道に割く時間もページもなくなってしまう。

たとえば日本国民は、フィリピンでシリアと同じようなＩＳとそれに連なる組織による激しい内戦「マラウイの戦い（二〇一七年）」があったこともほとんど知らされていない。長い年月をかけて、ミンダナオの平和構築に多大な貢献をしたのは、日本の外務省とＪＩＣＡと派遣された専門家であることも知らされていない。また私が知る援助でも先の漁業援助ほか、素晴らしい事業がたくさんある。そのような良い面も報道してもらいたい。なぜならば当事者である外務省、ＪＩＣＡ、青年海外協力隊の広報はどうしても自画自賛ととらえられ、信頼されないからである。

国際機関の発表を垂れ流さず、疑ったほうがよい

私はミャンマー、ベネズエラなど失敗国家と随分とかかわった。しかしベネズエラの例など、失敗に追いやった契機は世銀やＩＭＦにあることをはっきりと認識すべきである。かれらの言動や政策はポジショントークであり、パターナリズムでしかないことが多々ある。他国民を瀬戸際へと追い込むような改革は結局鬼っ子を生んできた。

どのような国家像をこれから描いていくかは、日本国民が決めるのであり、官邸でも外務省でもＪＩＣＡでもない。勝手な暴走は許されない。そのためのマスコミは独自の視点を持ち続けてもらいたいものだ。

援助関係者・中南米にかかわる人々に向けて

SDGsの本家は誰なのか

持続可能な開発目標は、ミレニアムのあとで国連が使った標語である。持続可能というのは、もともと何十年も前からの援助用語である。しかしながら、SDGsは元を辿れば、先住民の文化であり、彼らからいわせると、我々は数百年遅れていることになる。しかも開発という言葉には破壊の要素が入っていることに十分注意しよう。

適正規模、適正技術、適正プロジェクト形態を編み出す

言わずもがなことだが、国、そして各地域は固有な基層文化を持つ。言語、食、歴史、宗教、行動様式、民族、家族形態がそれぞれ違う。援助対象地域の特殊性は何なのか？さらに刻々と変化する政治、経済、社会情勢を汲み取り、将来予測を立てる。そして、適正規模、適正技術、適正プロジェクト形態を編み出す。これが援助の理想像だろう。ホンジュラスの漁業ミニプロジェクトでは、派遣された漁業専門家は「援助の主役はあなたたち漁業民だ」と口をすっぱくしていい、しかも最初の数カ月は彼らとの飲みニケーションに費やしたのである。やり方は人それぞれで、酒をいっしょに飲めばいいというものではないが、自分を知らせ相手を知らねば援助などできない。人と人との触れ合いが援助の骨格である。

高度化とは何を意味するのか

援助関連の雑誌などを読むと、「高度化」したという言葉をよく目にする。新たな手法として、ＩＭＰＡＣＴ評価が実施され、ＩＭＰＡＣＴ投資なども勧められている。ＩＭＰＡＣＴとは儲けると共に社会や環境に貢献することらしい。しかし高度化が援助業界のみの自己満足で、むしろ隘路（あいろ）の中に入らないか自問したほうがよい。援助国がオリンピックのように援助技術を複雑化させて競うとしたら本末転倒になる。援助対象国の人々に理解できないならば、疑問が残る。

中南米の場合の考慮する価値体系を例示する

東南アジア、南西アジア、アフリカ、中近東とそれぞれ地域、国によって基層文化や価値体系は違う。

今の日本人が援助プロジェクトを実施する場合に注意しなくてはならないのは、日本社会とは違う価値体系である。今のというのは、発展段階が同じ頃のさほど遠くない過去には、途上国と共有していた価値観がいくつかある。日本人にとって価値の上下関係が逆転しているもの、また理解しがたいものには、援助プロジェクトの計画時、実施時のいずれの時点においても配慮する必要がある。

これらの価値体系も民族によって濃淡がある。たとえば、アフリカ系の住民が労働を軽

中南米の価値体系

重視するもの	親族、友人、語らい、個人、休み、共同体、その時の感情、言葉の修辞、政治、誇り、サッカー、音楽・踊り、フィエスタ、カーニバル、外見・服装
軽視するもの	肉体労働、労働、他人、国、約束、法律、言語の内容
理解しがたいもの	宗教、親族構造と代父母性、マチスモと男女関係、民族

民族ごとの特徴

先住民	諦念、共同体・土地への帰属、国家意識希薄、習合（シンクレティク）宗教
アフリカ系先住民	色濃いアフリカ文化、習合（シンクレティク）宗教、母系制
メスティーソ他混血	白人と先住民、あるいは自分自身に対するアンビバレンスな感情（憎悪、愛情、軽蔑、誇り）、国家と共同体の両方を意識
白人	利己的、オルガルキー（寡頭支配）内での価値と欧米志向

視したとしたら、それは歴史的奴隷労働の結果であり、もともと働くことは単に主人の富を増やすことであり、むしろ労働しないことこそが、彼の自尊心を取り戻す行為だったからである。逆に白人が肉体労働を軽視するとしたなら、もともと肉体労働は先住民やアフリカ系の奴隷がやってくれるものだったからである。あらゆる行動様式には、歴史と風土の裏打ちがある。そしてこれらは、征服者、非征服者、奴隷の子孫と混血が混在している中南米の場合、出自により行動様式に違いがある。無論例外もあるし、これらは時代とともに変容していく。

参考文献

◆本文《参考文献》
『ボリビアの歴史』ハーバート・S・クライン　星野靖子訳　創土社　二〇一一年
『大正デモグラフィ　歴史人口学で見た狭間の時代』速水融・小島美代子　文藝春秋　二〇〇四年
『構造改革の真実　竹中平蔵大臣日記』竹中平蔵　日本経済新聞出版社　二〇〇六年
『沖縄移住地　ボリビアの大地とともに』具志堅興貞　沖縄タイムス社　一九九八年
「羅針盤　前代未聞のＪＩＣＡ資金ショート事件」主幹　荒木光弥生（国際開発ジャーナル　二〇一八年三月）
『ボリビア国鉄災害復旧工事の施工管理』（日本交通技術株式会社　海外技術部長　滝野幸雄）
『ボリビア鉄道災害復旧工事　工事記録一九八八年三月　大成建設（株）海外事業本部ボリビア鉄道作業所』
『ボリビア共和国に於ける工事事情』海外事業本部ボリビア鉄道作業所
『東部鉄道イピアス〜ロボレ間　鉄道災害復旧工事誌　昭和63年6月ＪＩＣＡ』
『ボリビア共和国　ボリビア国有鉄道　東部路線イピアス〜ロボレ間鉄道災害復旧工事　第二巻　契約条件書』国際協力事業団　昭和五七年一月
『ボリビア鉄道災害復旧工事』（山岸手書きメモ）
『NUESTRA SEÑORA DE LA ASUNTA DE "EL PORTON"』P. Enrique báscones

◆付録3《参考図書・資料》
『世界人口白書』一九九一年
『地球環境報告』石弘之著　岩波新書　一九八八年

『熱帯雨林の社会経済学』クリス・C・パーク　犬井正訳　農林統計協会　一九九四年
『National Geography』日本版　一九九六年二月号
『地球環境問題とは何か』米本昌平　岩波新書　一九九四年
「日本よ、存在を賭けるこの世紀」石原慎太郎　産経新聞　二〇〇一年一月一五日付け朝刊

◘ 著者紹介

風樹 茂（かざき・しげる）

本名は黒田健司。1956年北海道生まれ。東京外国語大学スペイン語学科卒業。メキシコベラクルス大学国費留学。中南米への専門商社退社後、ボリビアアマゾン流域でのＯＤＡの鉄道建設事業（大成建設）に参画。プロジェクト終了後、中南米、ヨーロッパ、アジアを放浪。帰国後、シンクタンクや研究所にて首相向け政策提言の作成、海外投資と援助の立案、プロジェクト評価、投資計画の立案を行う。

その後、作家に転身し、夕刊フジなどでサラリーマン向けコラムを持つ。2008年より、プラント業界に参画。ベネズエラ、カタールに駐在。40か国を踏査。2016年に帰国し、現在は途上国向けテロ対策の援助に従事している。著書に『ホームレス入門』（角川文庫、山と溪谷社）、『今日、ホームレスに戻ることにした』（彩図社）、『リストラ起業家物語』（角川新書）、『ラテンの秘伝書』（東洋経済新社）、『ホームレス人生講座』『東京ドヤ街盛衰記』（中公新書ラクレ）、『それでもパパは生きることにした』（青春出版）などがある。

アマゾンに鉄道を作る　大成建設秘録

電気がないから幸せだった。

本体価格……二〇〇〇円
発行日……二〇二三年　二月二〇日　初版第一刷発行

著　者……風樹　茂
編集人……杉原　修

発行人……柴田理加子
発行所……株式会社　五月書房新社
東京都世田谷区代田一―二二―六
郵便番号　一五五―〇〇三三
電　話　〇三（六四五三）四四〇五
FAX　〇三（六四五三）四四〇六
URL　www.gssinc.jp

編集／組版……片岡　力
装　幀……今東淳雄
印刷／製本……モリモト印刷　株式会社

ISBN: 978-4-909542-46-5 C0033

五月書房の好評既刊

地政学　地理と戦略

コリン・グレイ、ジェフリー・スローン編著
奥山真司訳・解説

国際紛争を分析するための研究者には必読書である。地政学の入門書は多数存在するが、本書はそれらの原点であり、基本書となっている。〈コリン・グレイ〉〈ジェフリー・スローン〉の二人の第一人者が編纂した論文集。古典地政学から陸、海、空、宇宙空間までを網羅。奥山真司による明快な和訳も好評。

5000円＋税　A5判並製　516頁
ISBN 978-4-909542-37-3 C0031

女たちのラテンアメリカ　上・下

伊藤滋子著

男たちを支え／男たちと共に／男たちに代わって、社会を守り社会と闘った中南米のムヘーレス（女たち）43人が織りなす歴史絵巻。ラテンアメリカは女たちの〈情熱大陸〉だ！

【上巻】（21人）征服者であるスペイン人の通訳をつとめた先住民の娘／荒くれ者として名を馳せた男装の尼僧兵士／許されぬ恋の逃避行の末に処刑された乙女……

2300円＋税　A5判上製
ISBN978-4-909542-36-6 C0023

【下巻】（22人）文盲ゆえ労働法を丸暗記し大臣と対峙した先住民活動家／32回の手術から立ち直り自画像を描いた女流画家／チェ・ゲバラと行動を共にし暗殺された革命の闘士……

2500円＋税　A5判上製
ISBN978-4-909542-39-7 C0023

杉原千畝とスターリン

ユダヤ人をシベリア鉄道に乗せよ！ ソ連共産党の極秘決定とは？

石郷岡 建著

スターリンと杉原千畝を結んだ見えざる一本の糸。イスラエル建国へつながるもう一つの史実！ 新たに発見された〈命のビザ〉をめぐるソ連共産党政治局の機密文書を糸口に、英独露各国の公文書を丁寧に読み解く。

3500円＋税 A5判並製

ISBN978-4-909542-43-4 C0022

クリック？ クラック！

小説

エドウィージ・ダンティカ著、山本 伸訳

カリブ海を漂流する難民ボートの上で、屍体が流れゆく「虐殺の川」の岸辺で、NYのハイチ人コミュニティで……、女たちがつむぐ10個の物語。「クリック？（聞きたい？）」「クラック！（聞かせて！）」

2000円＋税 四六判上製

ISBN978-4-909542-09-0 C0097

ゼアゼア

小説

トミー・オレンジ著、加藤有佳織訳

分断された人生を編み合わせるために、全米各地からオークランドのパウワウ（儀式）に集まる都市インディアンたち。かれらに訪れる再生と祝福と悲劇の物語。アメリカ図書賞、PEN／ヘミングウェイ賞受賞作。

2300円＋税 四六判上製

ISBN978-4-909542-31-1 C0097

三階

あの日テルアビブのアパートで起きたこと

小説

エシュコル・ネヴォ著、星 薫子訳

舞台はイスラエル、どこにでもある普通の家庭の話なのだが……。小気味良いテンポで、サスペンス映画のように物語は進行する。それにしても、あの日あの場所で何が起きたのか？ そして感動のクライマックスへ！ イタリア映画『三つの鍵』の原作。

2300円＋税 四六判並製

ISBN978-4-909542-42-7 C0097

GOGATSU 五月書房新社（ごがつ）

〒155-0033 東京都世田谷区代田1-22-6

☎ 03-6453-4405 FAX 03-6453-4406 www.gssinc.jp